江西理工大学清江学术文库

膜分离技术在离子型稀土回收及废水处理中的应用

李新冬　黄万抚　欧阳果仔　颜娜　钟祥熙　著

北　京
冶　金　工　业　出　版　社
2022

内 容 提 要

本书内容主要包括：膜分离技术及其在稀土资源回收及水处理中的应用；针对离子吸附型稀土元素的分配特征，对离子吸附型稀土矿的赋存特征、浸出规律及浸出动力学进行了实验探究与分析；采用电渗析技术对离子吸附型稀土浸出液的浓缩回收进行了实验研究；采用纳滤技术对不同操作条件下离子吸附型稀土浸出液中的稀土和氨氮浓缩回收效果进行了实验研究；采用经氧化石墨烯和石墨烯量子点改性的纳滤膜对稀土浸矿尾水中的稀土离子进行了富集；最后介绍了液膜和反渗透等其他膜分离技术在离子吸附型稀土中的应用。

本书可供矿业工程、材料工程、环境工程、市政工程等相关领域的科研人员、高校师生及工程技术人员阅读参考。

图书在版编目(CIP)数据

膜分离技术在离子型稀土回收及废水处理中的应用/李新冬等著. —北京：冶金工业出版社，2021.9（2022.9 重印）

ISBN 978-7-5024-8905-2

Ⅰ.①膜…　Ⅱ.①李…　Ⅲ.①膜—分离—应用—稀土金属—有色金属冶金—冶金工业废水—废水处理　Ⅳ.①X703

中国版本图书馆 CIP 数据核字（2021）第 171319 号

膜分离技术在离子型稀土回收及废水处理中的应用

出版发行　冶金工业出版社　　**电　话**　(010)64027926
地　址　北京市东城区嵩祝院北巷 39 号　　**邮　编**　100009
网　址　www. mip1953. com　　**电子信箱**　service@ mip1953. com

责任编辑　郭冬艳　美术编辑　吕欣童　版式设计　郑小利
责任校对　梁江凤　责任印制　禹　蕊

北京虎彩文化传播有限公司印刷
2021 年 9 月第 1 版，2022 年 9 月第 2 次印刷
710mm×1000mm　1/16；9 印张；175 千字；134 页
定价 66.00 元

投稿电话　(010)64027932　投稿信箱　tougao@cnmip. com. cn
营销中心电话　(010)64044283
冶金工业出版社天猫旗舰店　yjgycbs. tmall. com
(本书如有印装质量问题，本社营销中心负责退换)

前　言

稀土元素包括元素周期表中第三副族中原子序数从57至71的15种镧系元素及钪和钇共17个元素。随着科技的进步和稀土新用途不断被发掘，稀土的应用领域也越来越广泛，目前已经从冶金工业、石油化工工业、陶瓷工业、玻璃工业、能源工业拓展至永磁体、农业、医学等多个新兴领域。同时稀土被誉为是新世纪高科技及功能材料的宝库。稀土用量少，但却能极大地提高材料的功能，所以稀土还被誉为"工业维生素"。

离子吸附型稀土矿是指含有稀土的花岗岩或火山岩经过多年风化析出的黏土矿物，从中解离出稀土离子后又以水合或羟基水合阳离子吸附于黏土矿物上。20世纪60年代末期，在江西龙南足洞首次发现离子吸附型稀土矿，之后在福建、湖南、广东和广西等地也相继发现，由于其中重稀土含量高、稀土元素配分齐全、开采方法简便，因此，其是一种极为重要的稀土资源。随着稀土资源的不断开发与利用，环境污染、低浓度稀土难回收、回收率低等问题也接踵而至。膜分离技术被认为是21世纪最有前途、最有发展潜力的重大高新技术之一，被称为水处理技术的第三次工业革命。因此，膜分离技术是目前工业应用中一种非常重要的技术手段，膜技术的研究、开发和应用在很多国家都已非常广泛，尤其是在目前全球能源日益枯竭，生态环境破坏严重，很多地方水资源严重不足的情形下，这种高效的新型分离技术将会直接影响我们未来产业的发展、环境优劣以及人类生活水平的高低。

作者长期从事市政工程和膜分离技术等方面的教学、科研工作，在南方离子型稀土资源高效回收、废水处理、膜分离技术等方面形成了自身的研究特色，且取得了一些成果。该书以南方离子型稀土开发利用过程中稀土资源回收及废水处理为研究对象，围绕电渗析、纳滤等膜技术对其展开实验研究，以期解决稀土回收率低、环境污染严重等问题，为实现南方离子型稀土资源高效回收、废水高效处理与可持续发展，提供技术参考。

全书共分为6章，第1章首先介绍了稀土资源概况，包括稀土的重要作用、国内外稀土资源分布、矿床类型等，并重点介绍了离子型稀土的分布、特征及回收方法，其次综述了膜分离技术的研究进展，包括膜分离技术的特点、分类及研究发展，并对膜分离技术在离子型稀土回收方面的应用进行了综述；第2章主要介绍了各风化层稀土赋存状态的研究及同一风化壳不同深度、风化程度不同的稀土矿浸出规律，为明确稀土离子的存在状态以选择更适宜的膜分离技术进行稀土回收提供了理论基础；第3章主要介绍了电渗析技术在离子吸附型稀土浸出液中的应用，得出了电渗析技术处理离子型稀土浸出液时的影响因素、最优工艺条件和可达到的最佳效果；第4章主要介绍了纳滤技术在离子吸附型稀土浸出液中的应用，探讨了纳滤对稀土浸出液浓缩过程中各因素对纳滤性能及运行稳定性的影响；第5章主要介绍了经氧化石墨烯及石墨烯量子点改性纳滤膜在离子吸附型稀土浸矿尾水的应用；第6章主要介绍了其他膜分离技术（如液膜、反渗透等）在离子吸附型稀土中的应用。

本书内容所涉及的课题均得到了国家自然科学基金项目（半风化离子吸附型稀土矿赋存特征及浸出机制研究，批准号：41362003）和江西省教育厅科技项目（低浓度离子型稀土的纳滤富集与传质过程研究，项目编号：GJJ160619）的资助，主要研究工作依托于“江西省稀土资源高效利用重点实验室”“江西省环境岩土与灾害控制重点实验室”。研究工作还得到了赣州稀土矿业有限公司以及江西理工大学市政工程系各位老师和有关专家的悉心指导与帮助，在此一并表示衷心的感谢。

本书主要作者李新冬、黄万抚任职于江西理工大学。在本书内容涉及项目和实验开展实施的过程中，作者的多名研究生参与了实验与理论研究工作。李英杰参与了第4章的编写工作；代武川及袁佳彬参与了第5章的编写工作，他们攻读硕士期间的部分成果也反映到了本书的相关章节内容中，还有李海柯、李浪、陈洋、张宏廷、黄小林也参与了其中的部分编写工作，最后作者对各章内容进行完善和整体的校稿。在此期间大家付出了辛勤的汗水，由于大家共同的努力，本书才得以成稿和出版，在此一并致以由衷的敬意和诚挚的感谢。

由于稀土矿原地浸矿液中的成分较复杂，膜分离技术种类较多，影响因素复杂，其他相关研究工作及其他膜分离技术在离子型稀土领域的应用仍在深入进行之中，限于作者水平，书中难免有不妥之处，敬请读者不吝指教。

作　者

2021年5月

目　录

1 绪 论

1.1 稀土资源概况

1.1.1 稀土的概念及应用

稀土元素包括元素周期表中第三副族中原子序数从57~71的15种镧系元素及钪和钇共17个元素。这17个稀土元素的统称简称为稀土，其英文名字为Rear Earth，因稀土在自然界中呈土状而得名。稀土元素被发现始于18世纪末，它们在矿物中以固体氧化物形式存在，且含量较稀少，在当时，不溶于水的固体氧化物被称为土，故称为稀土。稀土元素均存在于自然界中，其中钷元素过去曾被认为自然界中没有，现已证明其存在于天然铀矿中，这是因为高品位富铀矿中有足够的中子流强度，使之缓慢进行核裂变，形成了钷。

除钪以外，根据物化性质差异以及分离工艺要求，人们常将稀土进行分组，把镧、铈、镨、钕、钷、钐、铕7种元素称为轻稀土元素或铈组稀土元素；将钆、铽、镝、钬、铒、铥、镱、镥、钇9种元素称为重稀土元素或钇组稀土元素。另外还有一种分组方法，除钪之外，根据稀土元素的物化性质的差异分为三组：轻稀土：镧、铈、镨、钕、钷；中稀土：钐、铕、钆、铽、镝；重稀土：钬、铒、铥、镱、镥、钇。

就稀土而言，真正对其深入研究和应用的时间只有六十多年，且于二十多年前才开始迅猛发展。随着科技的不断进步和稀土新用途不断被发现，稀土的应用领域不断被拓展，目前已经从冶金工业、石油化工业、陶瓷工业、玻璃工业、能源业拓展至永磁体、农业、医学等多个新兴领域。稀土被誉为是新世纪高科技及功能材料的宝库。稀土用量少，但是却能极大地提高材料的功能，所以还被誉为“工业维生素”。

稀土在各领域中的应用：

(1) 在冶金工业中的应用。由于稀土元素性质的特殊性，目前，在冶金行业中稀土常作为脱硫脱氧剂、球化剂、孕育剂等添加剂用以实现高性能产品的研发。稀土元素硫氧亲和力很强，作为炼钢时的脱硫脱氧剂，可实现硫、氧、低熔点杂质等的去除，生产的产品具有较好的耐磨耐压、防腐蚀及可塑性等优点；在球磨铸铁生产过程中加入球化剂稀土硅铁合金、稀土硅镁合金，可使铸铁力学性能、耐磨性等大幅度提高；蠕铁铸件生产中的粉末状蠕化剂残余料如30稀土，不能继续作为蠕化剂发挥作用，但可作为孕育剂，用以细化铸件晶粒，减少缩孔缩松的倾向，可达到与正常稀土类孕育剂相同的铸件质量；作为合金中的重要添加剂，稀土金属可通过改变合金本身的物理化学性能，进一步增强合金产品强度，使其在高温等特殊环境中的力学性能大大提高。

（2）在石油化工中的应用。现今，稀土资源主要是作为化学反应的催化剂或助催化剂在石化行业中推广应用，包括石油催化裂化、合成氨生产、顺丁橡胶合成等。稀土分子筛催化剂以抗金属中毒性强、稳定性高、选择性好及高活性等特点，取代了硅酸铝催化剂，在石油催化裂化过程中发挥着很好的作用；在合成氨催化剂中加入微量硝酸稀土，可使催化剂的处理气量显著提高，如李文鹏等在合成氨催化剂中加入0.4%的稀土氧化物，通过稀土添加促进了活性中心对氮气的活化吸附，从而使催化剂活性达到最高。

（3）在玻璃、陶瓷工业中的应用。在玻璃工业中，稀土可作为玻璃抛光粉，其优势在于：研磨耗时短、磨光品质高、使用周期长、色泽浅、不沾污；可作玻璃脱色剂，加入二氧化铈可褪去由二价铁引入的绿色，使玻璃保持透明；也可作玻璃着色剂，添加后产出各种颜色及色彩组合的玻璃；还可用于制造各种光学或特种玻璃。在陶瓷工业中，稀土主要作为着色剂，使陶瓷制品富有光泽、色彩艳丽。

（4）在电光源工业中的应用。稀土元素铕、钕、铒、铥等具有独特的光电性质，能制造不同功能的荧光粉和复印灯粉，使产品性能得到改善，发光效率高、节能环保、使用寿命延长。

（5）在永磁体工业的应用。在永磁体方面，稀土永磁体具有高剩磁、高磁能积及高矫顽力，已广泛应用于计算机、车用电动机及电声器件等电子及航天领域中。

（6）在核工业中的应用。少数几种稀土元素能够吸收中子或通过中子，利用该特性，稀土可用于各种功能的反应堆材料。

（7）在农业中的应用。稀土盐类是高效微量元素肥料，稀土可作为农作物的生长调节剂，使其产量增加，品质提高，还可使某些作物抗病、抗旱、抗寒能力增强，且对环境无害。

（8）在医学中的应用。稀土元素如铈、钇等可制成化学治疗剂，用于对抗某些特殊疾病；铥可制成轻便的X射线放射源。

1.1.2 世界稀土资源概况

稀土资源遍及全球，分布范围很广，多达34个国家都报道有一定的稀土储量。美国、俄罗斯、加拿大、马来西亚、印度的稀土储量占世界前几位，而我国则一直居于世界首位，但随着我国稀土多年来的连续开采及各国稀土矿藏的陆续探明，我国稀土占世界储量份额比例持续下滑，据我国工信部 2012 年发布的白皮书可知，我国稀土占世界储量份额比例已从 70%以上滑落至 23%，俄罗斯占到 19%，美国占比为 13%。美国稀土矿物以独居石与氟碳铈矿为主，以及一些伴生的稀土矿，而且拥有世界最大氟碳铈矿。澳大利亚以独居石为主。俄罗斯的稀土主要来自磷灰石中。印度也是以独居石为主，主要来自砂矿床。像美国等国家稀土储量大，品种齐全，但却早早关闭本土稀土矿，全依靠进口。日韩两国稀土资源匮乏，但却靠大量进口储备了占世界稀土 30%以上的份额。我国供应着世界 90%的稀土需求。

1.1.3 我国稀土资源概况

我国稀土资源明显分为“南北型稀土资源”，其特点主要呈现“北轻南重”：北方以包头的混合稀土矿为代表，为矿物型稀土矿，稀土矿物以氟碳铈矿与独居石为主，是轻稀土资源；南方稀土以赣州为代表，以离子吸附型稀土矿为主，主要赋存于花岗岩风化壳中，原矿中 60%~95%的稀土含量呈离子状态吸附于黏土矿物上，是目前我国独有的稀缺矿种，其稀土元素分布以中重稀土为主。主要产地包括赣南地区、闽粤等南方各省都分布着珍贵的中重稀土资源，它们富含钇、铽等，这种中重稀土目前无其他元素替代，对高精尖科技产业至关重要。近两年我国稀土开采量都达 10.5 万吨，产能主要是内蒙古占 52%，四川次之为 24%，但这两省生产的稀土矿都为轻稀土为主。赣州生产的中重稀土产能仅占 17%。

稀土矿按地质成因类型分类，我国稀土矿床主要可分为 6 种，见表 1-1。

表 1-1 稀土矿床成因类型及代表矿床

稀土矿床类型	代表矿床
海底喷流（溢）沉积型（或海相火山沉积稀有金属碳酸岩型）	内蒙古白云鄂博矿床
变质岩型	湖北大别山矿床
花岗岩型	山东微山和内蒙古 801 矿床
花岗岩风化淋积型	江西寻乌、定南和福建长汀等
岩浆碳酸岩型	湖北庙垭和新疆瓦吉尔格等矿床
海滨砂矿	广东、海南和中国台湾等地矿床

我国稀土成矿条件好，矿床类型齐全，分布广泛且相对集中。目前，全国范围内已在22个省区发现存在稀土矿床，主要分布在内蒙古、江西、广东、四川、山东和广西等省份，构成了北、南、东、西分布格局，且分布特点为北方稀土矿含轻稀土比重大，南方为离子吸附型稀土矿含重稀土比重大。

氟碳铈矿几乎没有放射性，稀土含量是独居石的2~2.5倍，比独居石更易于处理。因此在所有的稀土矿中，氟碳铈矿是最重要的工业稀土矿物。我国白云鄂博铁-铝-稀土矿床采选出铁精矿以及氟碳铈矿和独居石的混合稀土精矿，其稀土储量和稀土矿产品产量均超过世界的一半，使我国成为举世瞩目的稀土资源及稀土产业大国。此外，我国四川、山东等省出产单一氟碳铈矿，其在我国稀土资源中也占有重要地位。

但由于利益驱使和管理约束不到位等多方面的原因，我国稀土资源优势没有被发挥出来，反倒造成生态环境的严重破坏，在深加工、应用开发领域与发达国家差距较大，多年来低价出口技术含量不高的初级产品，没能够将资源优势升级成为经济优势。且南方离子吸附型稀土矿多是规模小，矿点多而分散，且多位于山高林密的偏远山区，难以监管，盗采私采现象难以控制，使环境遭到严重破坏。但近年来经过国家不断的整合管理后，随着中国铝业集团有限公司、中国五矿集团公司、中国有色矿业集团有限公司的入主，南方稀土“三分天下”格局初显，使得市场秩序渐渐趋于完善，各小矿山兼并重组，统一规划，利于管理。与此同时，我国的稀土研发水平也在不断地提高，如我国生产的稀土永磁材料，特别是钕铁硼材料产品得到飞速发展，已达国际先进水平。

1.1.4 离子吸附型稀土矿概况

离子吸附型稀土矿是指含有稀土的花岗岩或火山岩经过多年风化析出黏土矿物，从中解离出稀土离子后又以水合或羟基水合阳离子吸附于黏土矿物上。目前离子吸附型稀土矿床在世界其他地区尚未被发现，因此它是我国特有的新型稀土矿床。

20世纪60年代末期，在江西龙南足洞首次发现离子吸附型稀土矿，之后在福建、湖南、广东和广西等地相继发现。该类型稀土矿主要分布于我国江西、福建、广东、广西、湖南、浙江和云南等地，其中尤以江西最多、分布集中。

离子吸附型稀土矿床成矿受多种因素影响，其成矿地质条件十分复杂，主要包括：岩石条件、构造条件和表生条件。前两者为成矿的内生作用，表生条件则主要为外生作用。

原生稀土岩石在地理气候、地势和地貌等表生条件下逐步演变成离子吸附型稀土矿物，具体为：水的水化及水解作用、氧气的氧化作用、二氧化碳的分解作用、酸类的分解作用以及生物和温度变化作用等。我国华南地区处于热带，植被生长茂盛，四季中降雨频繁且量较大，造成地表长久保持温湿条件，因此对离子吸附型稀土矿床的形成十分有利。

离子吸附型稀土矿有以下几种主要特征：

（1）矿体覆盖浅。离子吸附型稀土矿埋藏浅，多分布在水土流失严重、天然植被较少的丘陵地带，原矿一般为灰色、白色、黄褐、浅红的砂粒或粉末，开采较为方便。

（2）稀土的赋存状态特殊。稀土主要以阳离子状态吸附于黏土表面，稀土品位与普通矿物品位的分布不同，属于外富内贫，且矿物较松散，颗粒较细，因此提取该种稀土时，无不需粉碎加工。稀土在离子吸附型稀土矿中有：离子相、水溶相、矿物相以及胶态相四种赋存状态。其中离子相占稀土总量的80%，是稀土的主要赋存状态，剩余20%为胶态相和矿物相。各种相态中稀土的配分也不相同，以中重稀土为主，占稀土总量的60%左右，而其中又以离子相的稀土配分中的中重稀土含量最高。

（3）原矿品位低。一般原矿稀土品位（以稀土氧化物含量计）为0.05%～0.3%，离子相稀土品位约为0.04%～0.2%，离子相稀土相对总稀土的含量因稀土矿床所处地不同在60%～95%间波动。

（4）粗贫细富。研究各离子吸附型稀土矿床的原矿筛析结果可知，矿石中的粗颗粒吸附的稀土量较少，大部分稀土吸附于-200目粒级颗粒上。

（5）元素齐全。矿石中各种稀土元素基本齐全，其中钐、铕、钆、钇等国际上匮乏的稀土资源含量较高，因此该类型稀土矿床具有较高的经济价值。但是，各矿床的稀土配分有显著差别和特色。

（6）原矿放射性低。离子吸附型稀土原矿放射性低，是所有稀土矿中放射性比度最低的矿石。因此其开采和回收时的防护问题比其他稀土矿物容易解决。

1.1.5 离子吸附型稀土矿回收方法

离子吸附型稀土矿中主要为黏土类矿物，该类稀土矿中约80%～95%稀土元素以离子相存在，50%以上的离子相稀土赋存于产率为30%左右的细粒级中。采用传统的浮选选矿法不能实现稀土原矿富集，需要采用化学选矿法，对其进行浸出。通常使用碳酸氢铵除去浸出母液中的杂质，然后或沉淀或分离，最终获得产品。离子吸附型稀土矿提取工艺经历了池浸工艺、堆浸工艺和原地浸矿工艺的发展阶段。

1.1.5.1 池浸工艺

用水泥池作浸取槽，使用硫酸铵作为稀土浸取剂，配成1%～4%溶液，注入水泥池中，对稀土矿淋泡。从池底外接管道，收取浸取液。稀土浸取液杂质含量一般都较低，采用草酸作沉淀剂获得的草酸稀土一次灼烧产品质量达到 REO 量>92%。离子吸附型稀土矿开发利用工艺流程如图 1-1 所示。

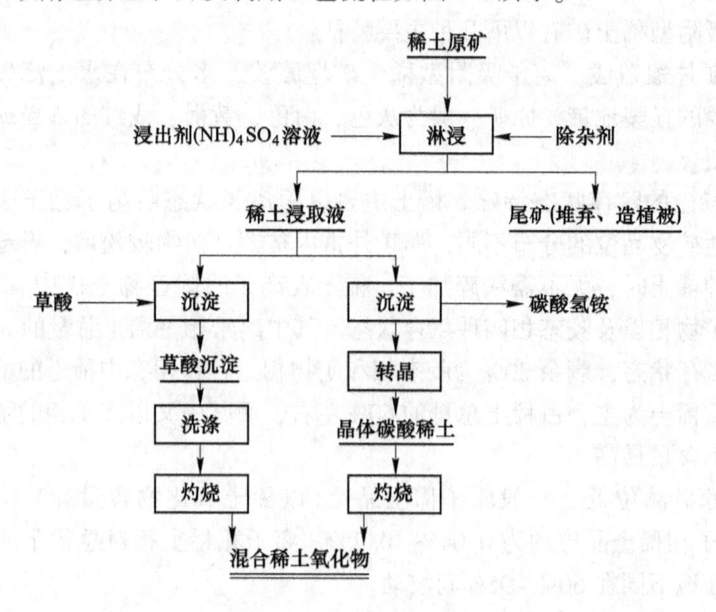

图 1-1 池浸工艺流程

1.1.5.2 堆浸工艺

堆浸工艺利用地形在矿区附近筑堆，集中收液，集中处理来进行生产。根据矿体储量设计堆场大小，浸取完成后可立即迁移。堆浸工艺可根据具体矿物特性调整矿堆高度，可有效控制浸取过程的液固比，使浸取剂单耗得到有效降低。采用该工艺得到的浸出液中稀土浓度相对较高，堆浸工艺对低品位离子吸附型稀土矿资源具有良好适用性。可获得较好的浸取效果，既可使宝贵的稀土资源得到充分利用，提高稀土回收率和降低成本。又能在减少投资的情况下扩大处理能力，其资源利用率和产量均高于池浸工艺。

1.1.5.3 原地浸矿工艺

原地浸矿又被称为溶浸采矿，工艺流程图如图 1-2 所示。该工艺在天然埋藏的矿体上布置注液孔，直接将化学溶液注入矿体。通过化学药剂与目的矿物的作用，选择性地浸取有用成分。对于离子吸附型稀土来说，就是直接将电解质溶液经注孔注入矿体，矿体中吸附在黏土矿物表面的稀土离子与电解质溶液中阳离子发生交换解吸。形成稀土母液，再将稀土母液集中收集回收稀土。原地浸矿工艺具有诸多优点，如不破坏地形、地貌，不剥离植被、表土，无尾矿外排，不破坏自然景观，对环境影响小，可大大减轻采矿工人的重体力劳动，生产作业比较安全，可回采常规开采方法无法开采的矿石，可经济合理地开采贫矿和表外矿石，能充分利用资源，可节省基建投资，降低生产成本等。

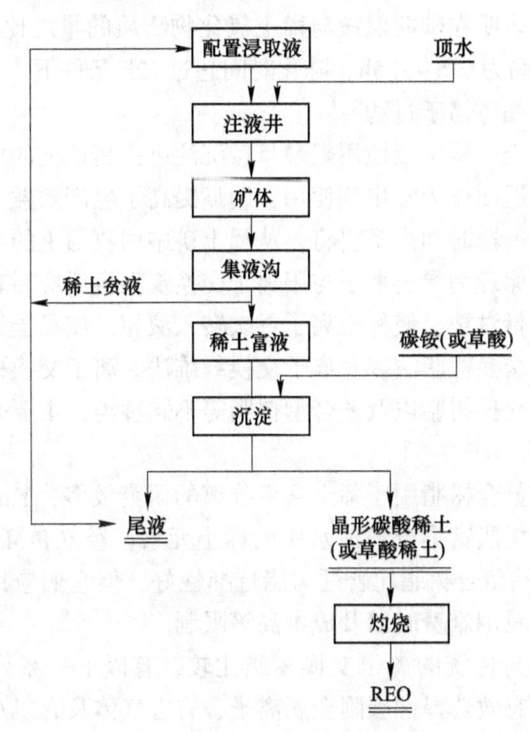

图 1-2 原地浸矿流程

1.1.5.4 自水溶液中回收稀土离子

一般从离子吸附型稀土矿中提取稀土的第一步均用化学选矿方法即浸出，浸出后得到离子吸附型稀土浸出液。从离子吸附型稀土浸出液中回收稀土的方法有化学沉淀法，离子交换法、液膜法、溶剂萃取法等。

稀土分离富集最常用的方法为化学沉淀以及共沉淀法，可将稀土元素与其他元素分离，从而富集回收稀土。化学沉淀法富集稀土时往稀土浸出液中加入沉淀药剂如草酸或碳酸氢铵，得到混合稀土沉淀。由于草酸为有毒物质，价格较高，且对稀土的回收率不高，还需要进一步灼烧才能得到混合稀土氧化物。20 世纪 80 年代末碳酸氢铵开始被用作稀土沉淀剂，替代之前广泛使用的草酸。用碳酸氢铵作沉淀剂时较草酸成本低、药剂无毒、对环境的影响小，稀土沉淀率也更高，但其缺点为生成的沉淀多呈无定型絮状胶体，难成晶型造成过滤困难。

针对碳酸氢铵沉淀稀土时存在的缺陷，为了解决问题，不少科研工作者进行了相关研究。池汝安等对碳酸氢铵沉淀离子吸附型稀土浸出液中稀土的工艺过程进行了分析，研究表明沉淀过程中通过控制溶液的 pH 值可生成高纯度的晶体碳酸稀土。张丽丽等研究了从离子吸附型稀土浸出液中以碳酸氢铵为沉淀剂制备晶型混合碳酸稀土，表明在碳酸氢铵与稀土氧化物物质的量之比 2.0、沉淀温度为 25~30℃、搅拌时间为 0.5~2.5h、陈化时间超过 12h 条件下，可以制备出球状碳酸稀土晶体，且该晶体易于过滤。

离子吸附型稀土矿浸出液使用碳酸氢铵沉淀可提高稀土的回收率，且过滤沉淀后的溶液无毒可返回作为浸出剂使用，明显提高了生产效益。因此，碳酸氢铵沉淀法在今后较长一段时间内都仍将是从稀土矿中回收稀土的主要方法。

离子交换法的原理为稀土离子与阳离子交换剂发生反应后转入交换剂中，其后对离子交换剂进行淋洗，使稀土离子再次转入液相，使稀土元素得到提纯。离子交换法包括离子交换树脂法以及离子交换纤维法。离子交换树脂包括：阳离子交换树脂、阴离子交换树脂以及螯合型树脂等不同种类，主要是根据各自的可交换活性基团来划分。

近些年国外对螯合树脂用于稀土富集分离的研究较多，Yanbei Zhu 等研究了用 Chelex 100 螯合树脂富集分离海水中的稀土元素，经 ICP-MS 测定，回收率高达 90%~98%。虽然螯合树脂比普通树脂选择性好，但它们应用受合成复杂、官能团键合到树脂上较困难费时以及成本高等限制。

离子交换纤维与传统的离子交换树脂比较，有以下一系列优势：传质距离小、比表面大，能有效选择性吸附金属离子、有害气体及有机小分子等，且吸附速度快、解吸速度快、再生能力好、能源消耗小、流体阻碍作用小。陆耕等研究了 VS-Ⅰ型聚乙烯醇强酸性阳离子交换纤维富集离子吸附型稀土浸出液，与离子交换树脂相比，该纤维对稀土离子的吸附速度快，交换容量大，还能多次使用。

离子交换法富集所得的稀土液中的稀土含量较高，可以用化学沉淀法处理得到混合稀土氧化物，沉淀剂用量比直接从浸出液中沉淀稀土更低，或者将富集液除杂后可直送去萃取分离或离子交换色层分离，提取单一或分组稀土氧化物。离子交换法操作程序简单，安全卫生，对操作人员健康影响小，但是它生产周期长、离子交换剂用量大、效率低、无法连续生产，只有研发出对稀土离子选择性强且能重复使用的离子交换剂，才有望将其大规模应用于工业生产中。

溶剂萃取法是通过物质在互不相溶的两相中分配特性各异达到分离目的。溶剂萃取法可实现稀土与非稀土元素、不同组稀土元素、单一稀土的分离。

目前溶剂萃取离子吸附型稀土的研究主要为新型离子吸附型稀土萃取剂的研发、工艺及设备的改进。陈继等发明了一种用季铵盐离子液体萃取剂萃取分离稀土元素的方法，其萃取过程无乳化、萃取酸度低、反萃酸度也低、耗酸少，对稀土元素特别是重稀土的分离系数高。钟盛华提出了一种新工艺用于萃取分离离子吸附型稀土，该工艺适用于高钇矿提钇后的低钇混合矿、中钇富铕稀土矿、低钇稀土矿。目前，通过多功能萃取分离模块溶剂萃取分离稀土工艺已经很成熟，特别是P507技术，可使生产均衡、连续且稳定。

溶剂萃取法的优点包括：处理能力大、能够快速连续生产、自动控制能力强、分离效果显著等，是目前分离回收稀土的重要途径。但是它存在的以下缺陷也不容忽视：萃取剂耗量大，对人体和环境危害大，反萃后有机相再生困难。此外，溶剂萃取法由于技术和经济方面的原因，不能处理回收低浓度稀土溶液中的稀土。

由于泡沫浮选法得到的精矿纯度高、生产连续且周期短，为了使稀土的回收实现连续生产，缩短生产周期，不少选矿工作者对浮选法回收离子吸附型稀土矿中的稀土进行了研究。

黄兴华等对江西的三个离子吸附型稀土矿进行了沉淀浮选试验，研究表明使用非草类沉淀剂和STO捕收剂，稀土回收率可达95%，稀土浮选精矿品位为45%，经灼烧后稀土总量高于95%。田君等通过对离子吸附型稀土浸出液沉淀浮选进行研究，结果表明优先沉淀浮选浸出液中的杂质离子后增大体系pH值，得到的稀土沉淀指标较好。

沉淀浮选法可以从离子吸附型稀土浸出液中回收轻、中、重稀土，但是其存在浮选捕收剂成本高、选择性不强、浮选过程控制性差等不足，严重影响了其在工业上的应用前景。

1.2 膜分离技术概况

1.2.1 膜分离技术发展概况

膜最早发现时存在于动物的膀胱内，虽然很早以前就有人类利用天然物质制取“人工薄膜”，但是直到18世纪中叶其才在国外科学家的研究中被发现，人类才能够科学地解释膜分离这一现象。膜分离技术起源于20世纪，但发展却很缓慢，史上第一张人工膜是1864年国外科学家Traude研制出的亚铁氰化铜膜。1925年世界上首家膜技术公司在德国诞生。20世纪中叶在物理化学、材料科学等科学技术发展的推动下，膜分离技术逐渐出现迅猛发展的趋势。1962年外国学者Loeb和Sourirajan制备出不对称的醋酸纤维素分离膜，这才促使膜分离技术走向工业化生产的市场化道路。随后，新型膜研发高潮空前而至，美国率先研发出了两种新材料的中空纤维膜，分别是Du Pont公司研制出的以尼龙为材料的中空纤维膜及以芳香聚酰胺为材料的“Permasep B-9”中空纤维膜，这两种新型膜的成功研发为膜技术发展提供了巨大的推动力。随着膜材料及制备工艺的不断优化，分离膜性能得到很大提升，其应用邻域也愈加广泛。

国内膜分离技术发展相比于国外起步较晚且发展进程也相对更为缓慢，我国膜技术研究最早始于20世纪60年代，并且多仅限于电渗析膜及离子交换膜的开发与研究。国内反渗透膜的出现是在1966年，在此以后，国内的膜技术逐步出现多元化，微滤膜、超滤膜、液膜等其他类型的分离膜相继出现。直到80年代末，我国的膜技术研发基本上走向工业化、商品化，为国内膜技术发展带来了新的发展阶段。90年代以来，随着膜的商品化发展，膜分离技术在各大经济生产邻域得到了广泛的应用，这就为膜技术的快速发展提供了广大的市场需求和新的发展方向。

1.2.2 膜分离技术分离特点

膜分离技术可定义为：在以外界压力差或化学势为推动力作用下，利用天然膜或人工合成的复合高分子薄膜对溶液中各种物质的选择透过性，实现从多组分体系中分离溶质等目的产物，并且实现将其浓缩提纯的分离方法。相比于传统分离方法，膜分离技术具有低能耗且分离物无相变、分离过程效率高，不添加化学试剂无二次污染产生，分离过程无需高温操作、设备简单、易维护等特点。正由于膜技术以上的这些优点，使其不但能够被广泛应用于食品加工、生物制药、空气分离、湿法冶金、燃料生产、石油化工等诸多经济生产邻域，并且还能在很大程度上促进节能环保、水资源开发及二次利用、苦咸水淡化等，从而也为日益严峻的水资源短缺和水污染问题的解决寻求了新出路。膜分离技术作为新型分离技术与传统分离方法相比有着显著的优势：

(1) 膜分离技术相比于传统方法装置简单易于操作与日常维护，多可采用自动化控制，可以减少劳动力成本的投入。

(2) 膜分离技术多在常温条件下进行，不易破坏被分离组分的理化性质，特别适合用于热敏性物质的分离。

(3) 与传统分离方法相比，膜分离技术过程无相变，且无需添加任何化学试剂，不但能耗低，而且没有新化学试剂的加入，既避免了对环境造成二次污染，同时分离工艺简单，经济适用性强。

(4) 膜分离技术种类较多，分离范围广，大到溶液中的病毒微生物，小至溶液中的无机盐离子，此外，膜蒸馏等特殊的分离方法还可以对一些传统分离方法无法处理的特殊溶液体系进行分离。

1.2.3 膜分离技术的分类

随着膜分离技术的发展，膜的种类也较多，按照所选择的制备材料不同可以将其分为有机分离膜和无机分离膜；按分离机理的不同又可以分为热驱动膜、电驱动膜、压力驱动膜以及浓度驱动膜等。其中，压力驱动膜又以膜孔径大小不同反映出的不同截留分子量为划分依据将其依次分为微滤膜(MF)、超滤膜(UF)、纳滤膜(NF) 以及反渗透膜(RO)。微滤膜的截留分子量为1000000以上，可以去除水体中的细小悬浮颗粒以及细菌和病毒等；超滤膜的截留分子量为10000~500000，多运用于生物制药邻域分离截留酶、蛋白质等分子量相对较大的有机物分子；纳滤膜的截留分子量为200~1000，与反渗透膜区别较小，因此又常被称为低压反渗透膜或疏松反渗透膜，可以用于截留组分中的二价、三价盐离子以及一些分子量较小的多糖等有机物分子；反渗透膜则相对需要较高的操作压力，常用于分离无机盐离子及分子量较小的有机物质。

膜分离过程依据被分离组分物质分子量大小不同以及物理化学性质差异可以分为多种不同的分离类型，目前已工业化的膜过程主要有：微滤、超滤、纳滤、反渗透、电渗析、膜电解、膜法气体分离、渗透汽化及膜蒸馏(表1-2)。

1.2.4 膜分离技术发展前景

膜技术在世界上享有“第三次工业革命”之称，是目前工业应用中一种非常重要的技术手段，膜技术的研究、开发和应用在很多国家都已非常广泛，尤其是在目前全球能源日益枯竭，生态环境破坏严重，很多地方水资源严重不足的情形下，这种高效的新型分离技术将会直接影响着我们未来产业的发展、环境优劣以及人类生活水平的高低。

膜技术在近半个世纪内的发展非常迅速，创造了巨大的社会经济效益，有相关资料显示，20世纪末，全世界分离膜系列产品的销售额已超过100亿美元，且每年的年增长率均达到14%~30%。其中，美国膜技术市场销售总额为11亿美元，欧洲液膜分离技术市场销售额收入为9.7亿美元，我国膜企业销售额总产值为6.7亿美元。相比于国外，我国的膜分离技术起步约晚了近10年，虽然技术发展较为迅速，但目前无论是科研水平还是产业规模都仍无法达到国外膜技术水平。国内膜分离技术发展往往存在以下几方面的不足：在膜制备过程中制膜方法、材料性质、工艺条件、成膜机理等对膜结构形成以及膜性能的影响；在应用过程中料液的预处理，最佳应用条件的选择，在最经济的条件下发挥膜分离技术的最大优势；此外，膜污染问题也是制约膜分离技术产业化的一个至关重要的因素，膜清洗技术虽然能解决这一问题，但该技术本身也存在着一定的局限性，表1-3列举出了各类膜技术的研究改进及发展趋势。

目前膜分离技术已成为解决能源及环境问题的重要高新技术及可持续发展的技术基础。然而无论是膜分离性能优劣还是膜污染与否最终都取决于制膜本身的工艺条件选择以及膜运行过程中的条件控制。这就需要我们为生产出适应市场需求的高通量、高截留、抗污染的膜及膜组件，不断探寻新的膜制备方法及工艺。

表 1-2 已工业化的膜技术的分离以及基本特征

技术	分离目的	透过组分	截留组分	透过组分在料液中含量	推动力	传递机理	膜类型	进料和透过物的物态
微滤 MF	溶液脱粒子 气体脱粒子	溶液、气体	0.02~10μm 粒子	大量溶剂及少量小分子溶质和大分子溶质	压力差（约100kPa）	筛分	多孔膜	液体或气体
超滤 UF	溶液脱大分子、大分子溶液脱小分子、大分子物质的分级	小分子溶液	1~20nm 大分子溶质	大量溶剂、少量小分子溶质	压力差（100~1000kPa）	筛分	非对称膜	液体
纳滤 NF	溶剂脱有机组分、脱高价离子、软化、脱色、浓缩、分离	溶剂、低价小分支溶质	1nm 以上（200~2000Da）	大量溶剂、低价小分子溶质	压力差（500~1500kPa）	溶剂扩散 Danna 效应	非对称膜或复合膜	液体
反渗透 RO	溶剂脱溶质、含小分子溶质的浓缩	溶剂、可被电渗析截留组分	0.1~1nm 小分子溶质	大量溶剂	压力差（1000~10000kPa）	优先吸附、细管流动、溶解-扩散	非对称膜或复合膜	液体
渗析 D	大分子溶质的溶液脱小分子、小分子溶质的溶液脱大分子	小分子溶质或较小的溶质	>0.02μm 截流、血液透析中>0.005μm 截留	较小组分或溶剂	浓度差	筛分、微孔膜内的受阻扩散	非对称膜或复合膜	液体
电渗析 ED	溶液脱小离子、小离子溶质的浓缩、小离子的分级	小离子组分	同名离子、大离子和水	少量离子组分、少量水	电化学势电渗透	反离子经离子交换膜的迁移	离子交换膜	液体
气体分离 GS	气体混合物分离、富集或特殊组分脱除	气体、较小组分或膜中易溶组分	较大组分（除非膜中溶解度高）	两者都有	压力差（1000~10000kPa）、浓度差（分压差）	溶解-扩散、分子筛分、努森扩散	均质膜、复合膜、非对称膜	气体
渗透气化 PVAP	挥发性液体混合物分离	膜内易溶解组分或易挥发组分	不易溶解组分或较大、较难挥发物	少量组分	分压差、浓度差	溶剂-扩散	均质膜、复合膜、非对称膜	料液为液体、透过物为气体
乳化液膜 ELM	液体混合物或气体混合物分离、富集、特殊组分脱除	在液膜相中有高溶解度的组分或能反应组分	在液膜中难溶解组分	少量组分在有机混合物中，也可是大量的组分	浓度差、pH 值	促进传递和溶剂扩散传递	液膜	通常为液体，也可为气体

表 1-3 各类膜技术的研究改进及发展趋势

过程	问题	解决方法	发展趋势
微滤、超滤	化学和热稳定性、孔径分布、膜污染	对已有材料进行改性；利用新材料和新结构发展新型大孔膜；更好的组器设计及操作方式优化	高通量、抗污染；孔径均一化，提升分离性能；孔径精密调变，以适应不同的应用过程
纳滤	膜污染：纳滤浓水和清水的处理；不够彻底的分离效果	选择合理的预处理工艺，选择适合的纳滤膜种类，膜组件构型设计及操作方式优化	孔隙尺寸的控制；开发具有可控制或者智能膜面化学性质、膜面电荷的膜材料
反渗透	化学和热稳定性、低通量、污染、水/有机物分离	新的壁层聚合物、更好的支撑体、更好的组器设计	研究开发具有低能耗、抗污染、耐高温、耐高压和特种分离性能的反渗透膜组件
电渗析	化学和热稳定性、选择渗透性、水迁移和污染	新聚合物、高电荷密度、交联、组器设计	开发高化学和热稳定性、高选择渗透性、抗污染强的离子交换膜；以双极膜为基础的水解离技术
渗析	热稳定性、污染、生物相容性	聚合物共混、表面改性、镶嵌结构	开发高性能的膜材料
气体分离	化学和热稳定性、选择性和通量	新的壁层聚合物、更好的支撑体、选择性载体	优化工艺流程
渗透气化	化学和热稳定性、选择性和通量	新的壁层聚合物、更好的支撑体、选择性载体	制备高性能化的混合基质膜
膜蒸馏	传质、传热机理的研究；通量较小；膜污染；能耗高	减小浓度极化和温度极化；料液中加盐；选择合适的操作条件	化学物质的浓缩与回收和液体食品的浓缩加工；大型膜组件结构设计和制备以及工艺流程和操作条件的优化
膜生物反应器	膜污染及其控制；操作条件不稳定	改进膜制备工艺；对膜组件结构、装填结构等进行优化；优化运行条件	推动膜生物反应器的产品化进程

1.3 膜分离技术在稀土回收及稀土废水处理中的应用

1.3.1 自浸出液中回收稀土

膜分离技术作为新兴技术发展迅速，其应用范围十分广泛，且还在不断扩大。但膜分离技术运用于离子吸附型稀土回收的研究不是特别多，目前主要有液膜法和反渗透法。

近年来制造的液膜，为了实现金属离子由低浓度向高浓度迁移，仿照了生物膜的选择透过性，从而实现强选择性、快传质速度和宽松反应条件，特别适合浓缩和回收低浓度物质。液膜分离过程与液-液萃取分离相比，增加了直接影响液膜分离效果的两个关键步骤：制乳和破乳。

20世纪90年代使用液膜法富集分离稀土元素的研究较多，Cyanex272-Span80-甲苯乳状液膜可分离镧、钐、钬、镱离子，TOPO-十二烷液膜支撑体系可分离铈、铕、钆、铽、镱、钪、钇等。刘振芳等研究了采用液膜法从离子吸附型稀土矿碳酸氢铵浸出液中提取稀土的工艺条件，试验结果表明对含稀土氧化物约1g/L的稀土浸出液，提取率为99.4%以上，富集液中稀土氧化物可达111g/L；萃余液可返回用于浸矿，操作费用仅为草酸沉淀法的20%左右。张瑞华研究了乳状液膜从离子吸附型稀土浸出液中提取分离稀土的应用效果，结果表明：稀土的回收率为90%左右、富集液稀土浓度约65g/L、稀土氧化物纯度为99%以上。

中山大学化学系与广东工学院化工系合作研究了用反渗透法从离子矿浸取液中富集稀土工艺，试验结果表明稀土浓缩效果明显，稀土回收率和纯度较高，为后续处理提供了有利条件和基础，具有较高的经济效益。Ali Toutianoush 等研究了苯磺酰氨基环芳烃和聚乙烯胺的多层膜用于选择性浓缩稀土金属离子，Lu、La、Ce、Pr、Sm以及稀土金属氯化物 $LuCl_3$、YCl_3 都被膜强烈排斥。虽然膜分离技术可以有效分离稀土，但是还达不到工业生产要求，需进一步提高膜性能，增强抗干扰能力、研发新设备。

1.3.2 低浓度稀土废水处理

现有含低浓度稀土废水的处理方法以化学沉淀法为主，但稀土回收率不高，而且会产生大量石灰渣污染物，增加了后续处理的难度与成本。也有人采用树脂吸附法回收稀土，但存在吸附饱和速率过快和解吸附困难问题。目前用膜技术处理低浓度稀土废水研究已有液膜、超滤膜、纳滤膜以及反渗透膜技术等。

液膜是一种具有快速分离、高效节能、选择性好等优点的新型膜分离技术，在分离浓缩低浓度稀土离子废水领域具有良好的应用前景。赵楠等采用分散支撑液膜(DSLM) 处理含钕和镝稀土废水，在料液相 pH 值 5.1 左右、盐酸与膜溶液体积比 30∶30、分散相盐酸溶液 4.0mol/L 的条件下充分反应 170min 后，钕离子和镝离子的去除率分别达到了 93.8%和 94.7%。王晓娟等利用乳状液膜对稀土废水中低浓度稀土的富集提取工艺进行了实验探究，并得出了最佳工艺条件及配比：内相盐酸浓度 2.0mol/L、油内比为 3∶1、乳水比为 1∶35、外水相 pH 值为 1.5~2.0。在此条件下，废水仅处理一次后稀土提取率便可达到 96%。同样的，黄炳辉等也用乳状液膜法对某稀土公司实际生产的稀土废水进行了资源回用处理，经液膜一次性处理后，稀土提取率可达 99%以上，同时还得到了初始稀土浓度在 100~200mg/L 的最佳膜处理体系体积配比是油∶水为 50∶35、水∶乳为 33∶1、煤油∶Span80∶P204 为 50∶2∶3。

根据上述实验结果对比可知，液膜体系的组成、配比等条件对稀土离子的提取率有较大影响，如何找到一个最佳的膜配方和实验条件以达到更好的处理效果是研究者们一直在探究的方向。同时导致目前大多数液膜技术研究仍处于试验阶段，最关键的原因在于维持其稳定性、破乳和溶胀等三方面难题尚未得到有效解决。

通常超滤膜不能用来直接去除废水中的稀土离子，而聚合物强化超滤技术是利用聚合物与稀土离子发生配位作用络合形成粒径较大的螯合物后被超滤膜截留，进而实现废水中混合或单一稀土离子的分离。陈桂娥等以聚乙烯基亚胺(PEI) 大分子水溶性聚合物为络合剂，对含有镧和铕混合稀土离子的模拟稀土废水进行了聚合物强化超滤分离过程实验，为选择性分离镧、铕混合稀土离子废水提供了一种新的可能途径。

聚合物强化超滤技术中聚合物的选取十分关键，直接影响到后续的处理效果，尽管目前大部分研究都是采用 PEI 为络合剂，但是否存在其他更适宜的聚合物作为络合剂，或者针对不同的混合稀土离子采用更加灵活的装载比和 pH 值以达到更好的实验效果和更少的膜污染发生仍需要相关研究者的进一步探索发现。

纳滤膜的截留孔径介于超滤膜和反渗透膜之间，由于其特殊的膜表面电荷效应，对二价及高价离子截留率较高，与其他膜相结合处理稀土废水可以达到回收稀土与降低出水氨氮的双重效果。王志高等采用两级反渗透和纳滤膜的结合工艺对离子吸附型稀土冶炼废水进行处理，实验结果表明浓缩液中氨氮浓度可以满足离子吸附型稀土矿浸取剂的回用标准，出水氨氮可以降低到 5.04mg/L，而稀土总回收率达到 92.98%。同时研究了用膜分离集成技术浓缩低品位离子吸附型稀土矿浸出液。试验结果表明：经过陶瓷膜除杂和纳滤膜浓缩后，含氯化铵浸出剂的浸出液中氧化稀土质量浓度由 0.33g/L 浓缩到 73.46g/L；而含硫酸铵浸出剂的浸出液中的氧化稀土质量浓度由 0.46g/L 浓缩到 4.23g/L，浸出液体积大大减小，后续回收稀土的试剂和能耗成本降低，稀土回收率提高。

但需要注意的是，这种方法需要将废液 pH 值调至 4~5 进行预处理，而且纳滤膜浓缩过程中循环罐中会出现结晶导致能够浓缩的最大倍数有限，能否大规模实际应用值得进一步商榷。另一方面，预处理过的废液先经过两级反渗透膜后再采用纳滤膜进行处理，实验中的浓差极化、膜孔堵塞现象无疑会加剧发生，从而增加了膜的清洗次数、缩短膜的使用周期，进而增加稀土冶炼废水处理的运行成本。

1.3.3　氨氮废水处理

离子吸附型稀土冶炼产生的废水主要是氨氮废水，占废水排放总量的 60%~70%。处理稀土氨氮废水的常用方法有蒸发浓缩、折点加氯、化学沉淀、吹脱法等，但这些方法均存在着某些缺陷（如处理成本太高、易产生二次污染、运行工艺复杂等），而采用膜分离技术不仅能够使废水氨氮稳定达标排放，而且能够将废水中的氨氮转化为铵盐副产品回用至生产工艺或制肥。

朱健玲等对赣州某离子吸附型稀土矿实际氨氮废水利用接触膜法进行处理，在废液 pH = 10~12 和 $T > 20℃$ 时将废水中的 NH_4^+ 转换为游离态 NH_3，在压力差（0.10~0.18MPa）的作用下通过气水分离膜后与酸性吸收液（H_2SO_4）反应得到高品质和高纯度硫酸铵副产品，氨氮的去除率在 98%以上，出水氨氮优于国家排放标准。也有研究者们采用离子交换膜电渗析法对稀土硫酸铵废水进行浓缩回收实验，结果表明电渗析对铵盐有良好的去除能力，能达到较高的脱盐效果，甚至在一定条件下可基本实现全脱除。有效的预处理能够减缓膜污染现象发生，提高膜的使用周期，而某些化学添加剂的使用能够在提高处理效率方面有着积极作用。张林楠等采用气提预处理与低压反渗透（LPRO）相结合的工艺处理稀土生产过程中的高氨氮废水，结果表明在适宜的温度、气提时间和 pH 值条件下，氨氮去除率可达到 95%，加入阴离子表面活性剂十二烷基硫酸钠（SDS）后，氨氮去除率达到了 99.5%。

桂双林等采用反渗透技术处理稀土冶炼产生的高氨氮洗涤废水，当跨膜压差在 3.5~4.0MPa 时，对氨氮及 COD 的去除率可以达到 74%和 68%，且对多种重金属离子的截留率均高于 90%。马学玲建立了一体式膜生物反应器（SMBR）实验装置处理稀土氨氮废水，在 DO = 1.0mg/L，HRT = 8h，C/N = 3.5，pH 值在中性偏碱性处理条件下，COD_{Cr} 和 NH_4^+-N 的去除率分别可达到 89.3%和 80.7%。

由此可见，膜分离技术对于稀土冶炼氨氮废水具有良好的处理效果和工业化应用前景，可为当前难处理工业高氨氮废水提供一种新的解决思路。

单一的膜处理技术可能满足不了进出水水质、水量等要求，于是膜集成技术与膜组合工艺应运而生。桂双林等采用混凝沉淀-超滤+反渗透组合工艺处理离子型稀土冶炼废水，考察了各处理单元及集成系统对污染物的处理效果。结果表明组合工艺能有效处理和降低废水中的污染物，混凝-超滤技术能去除大部分有机物和重金属，而反渗透技术可以进一步去除氨氮和其他污染物。膜集成系统对废水 COD_{Cr}、NH_4^+-N 的去除效率分别为95.3%和80.6%，对多种重金属离子的截留率均高于95%，产生的浓缩液可进行铵盐资源的回收利用，透过液满足回用水要求可进行回用，进一步降低了运行能耗。胡亚芹等使用反渗透与电渗析两种工艺用于稀土氯化铵废水分离浓缩试验，结果表明膜集成技术能够使90%左右的氯化铵和60%左右的水资源得到回收利用，并且电耗比传统蒸发法降低了75%。汪勇等用膜组合工艺对包头某稀土公司硫铵废水进行零排放处理，采用多级过滤和高压反渗透联合运行方式将原液浓缩处理后，通过 MVR 蒸发结晶系统得到硫酸铵副产品，实际工程调试表明处理系统可稳定运行并实现废水全部回用。还有研究者将氯化铵稀土废水利用反渗透装置进行连续脱盐和浓缩后，再利用蒸发、蒸氨处理得到氯化钙副产品和较高浓度的氨水，同时也使大多数水资源回用至生产工艺。

膜集成技术与膜组合工艺的出现使膜分离技术在稀土冶炼废水处理上有了更加广阔的应用空间，氨氮资源回收的同时让中水得到了回用，也让废水处理“零排放”成为可能。

1.3.4 酸性废水处理

酸性废水的处理常用废碱液或熟石灰将废水中的杂质除去后再进行深度处理，但产生的废渣易引发二次污染。也有其他方法可以对废水中的草酸、盐酸等进行回收利用，但是效果不太理想。而膜分离技术在液体分离与浓缩具有节能、操作简单、无相变的特点，将其应用于冶炼工业废水处理的研究较为活跃。

黄胜星等采用 PTFE 中空纤维膜萃取草酸沉淀稀土废水中草酸的同时回收其中的盐酸，实验结果表明在适宜的盐酸以及草酸浓度，氢氧化钠溶液为萃取剂的实验条件下，中空纤维膜对废水中草酸的回收率在95%~96%之间，可在较短时间内实现废水中草酸的回用。唐建军等利用膜蒸馏技术对稀土氯化物中的盐酸进行可行性回收试验研究，在下游压力 9.33kPa、循环速率为 5.4cm/s 和循环溶液温度为62~63℃条件下，在膜减压侧能够获得纯度较高的盐酸溶液，可使盐酸的回收率达到80%，而对稀土离子的截留率超过98%，可以达到低浓度稀土浓缩富集和高浓度盐酸回收利用双重效果。

值得一提的是，膜蒸馏技术目前虽未实现工业化应用，但其分离过程无需达到沸点温度便可进行，即可充分利用冶炼过程产生的废热、太阳能、地热等低温热源进行生产作业，具有经济和技术上的可行性。因此，膜蒸馏技术所必需的疏水性微孔膜的工业制备成为当前工作者的研究热点，随着科学技术的不断发展进步，未来膜蒸馏技术必将能够得到广泛的实际化应用。

1.3.5 含盐及碱性废水处理

目前含碱性稀土废水常用的处理方法是中和沉淀法：通入废酸液使碱性稀土废水溶液的 pH 值适当调节后，再加入氢氧化钙进行沉淀处理。王博采用三效蒸发系统处理稀土冶炼高盐废水，但处理成本有待于进一步降低。双极膜电渗析技术是利用双极膜在直流电场作用下水解电离成 OH^- 和 H^+，在不引入新杂质的情况下实现酸、碱的再生。万淑芳等利用双极膜电渗析(BMED) 对稀土皂化废水中的氯化钠进行可行性回收实验，探究了酸(碱) 的初始浓度和电流大小等因素对回收的酸(碱) 浓度、膜对电压、电流效率以及运行成本的影响。实验结果表明，从技术、经济多方面可行性综合考虑分析，在酸(碱)的初始浓度 0.3mol/L、电流 25A 的工艺条件下反应 150min 后，回收的酸、碱浓度分别为 1.24mol/L 和 1.55mol/L，实验结果最佳。

近些年来，BMED 技术的不断发展与成熟为稀土冶炼废水的绿色处理提供了一个新的方法，稀土冶炼高盐废水通过 BMED 技术可转化为稀酸和稀碱，进一步提高了资源的利用率。同时 Lv 等利用 BMED 技术处理氯化铵废水，也证实了 BMED 技术是一种有效的废水处理工艺。

参 考 文 献

[1] 孟祥福. 稀土——工业的维生素 [J]. 化学世界，2011，52 (7)：447~448.

[2] 张国成，黄文梅. 有色金属进展　稀有金属和贵金属　第五卷 (1995~2005) [M]. 中南大学出版社，2000.

[3] 车丽萍，余永富. 我国稀土矿选矿生产现状及选矿技术发展 [J]. 稀土，2006 (1)：95~102.

[4] 刘春雷. 30 稀土残余料作为孕育剂用途的工艺探讨 [J]. 铸造设备与工艺，2012 (2)：16~17.

[5] 李文鹏，张国发. 合成氨催化剂性能影响因素研究 [J]. 天然气化工 (C1 化学与化工)，2015，40 (1)：75~77.

[6] 于佳欣. 美国地质调查局确认美国稀土公司位于莱姆哈伊帕斯的矿山含有深色独居石 [J]. 稀土信息，2015 (6)：22.

[7] 黄静丽. 世界稀土资源储量分布及供需现状分析 [J]. 中国集体经济，2015 (6)：109~110.

[8] 池汝安，田君. 风化壳淋积型稀土矿化工冶金 [M]. 北京：科学出版社，2006：34~38.

[9] 余生根. 浅谈离子吸附型稀土矿的特征及离子相稀土的提取工艺 [J]. 矿产综合利用，1987 (1)：57~60.

[10] Chi R A, Tian J, Li Z J, et al. Existing State and Partitioning of Rare Earth on Weathered Ores [J]. Journal of Rare Earths, 2005, 23 (6): 756~759, 643.

[11] Chi Ruan, Xu Zhigao, Zhu Guangcai, et al. Solution-chemistry analysis of ammonium bicarbonate consumption in rare-earth-element precipitation [J]. Metallurgical and Materials Transactions, 2003, 34 (5): 611~617.

[12] 张丽丽，邓祥义，丁一刚．碳酸氢铵制备晶型混合碳酸稀土的工艺研究 [J]. 黄石理工学院学报，2011，27 (5)：20~24.

[13] 洪欣．功能纤维的稀土富集性能及其在ICP光谱分析中的应用研究 [D]. 南宁：广西大学，2008.

[14] Zhu Y B, Akihide I, Eiji F. Determination of rare earth elements in seawater by ICP—MS after preconcentration witll a chelating resin-packed mini-column [J]. Journal of Alloys and Compounds, 2006: 408~412, 985~988.

[15] 陆耕，汤丽鸳，曾汉民．强酸型阳离子交换纤维对稀土和过渡金属离子的交换性能研究 [J]. 离子交换与吸附，1993，9 (5)：433~438.

[16] 黄礼煌．稀土提取技术 [M]. 北京：冶金工业出版社，2006.

[17] 罗仙平，钱有军，梁长利．从离子型稀土矿浸取液中提取稀土的技术现状与展望 [J]. 有色金属科学与工程，2012，3 (5)：50~53.

[18] 陈继，郭琳，邓岳锋．稀土元素的萃取分离方法 [P]．中国专利．CN 102618736 A. 2012. 08. 01.

[19] 钟盛华．离子吸附型稀土萃取分离新工艺 [J]. 中国有色金属学报，2000，10 (2)：262~264.

[20] 韩旗英．稀土萃取分离技术现状分析 [J]. 湖南有色金属，2010，26 (1)：24~27.

[21] 黄兴华，叶雪均．沉淀——浮选法提取离子吸附型稀土的研究 [J]. 南方冶金学院学报，1990, 11 (1)：30~38.

[22] 田君，尹敬群，谌开红，等．风化壳淋积型稀土矿浸出液沉淀浮选溶液化学分析 [J]. 稀土，2011，32 (4)：1~6.

[23] 时钧，袁权，等．膜技术手册 [M]. 北京：化学工业出版社，2001：336~485.

[24] 贾凤莲，陈中豪，李友明．用超滤技术处理漂白废水 [J]. 纸和造纸，1999(6)：38~39.

[25] 徐绪国，徐铜文，杨伟华，等．膜法处理制胶碱性废水 [J]. 明胶科学与技术，2000，20(3)：14~17.

[26] 余必敏．工业废水处理与利用 [M]. 北京：科学出版社，1979：70~75.

[27] 刘茉娥，等．膜分离技术 [M]. 北京：化学工业出版社，2000.

[28] 林珊．膜生物反应器在水处理中的应用与发展 [J]. 科技创新与应用，2015 (16)：156.

[29] 邢卫红，金万勤，范益群．我国膜材料研究进展 [C] //中国膜科学与技术报告会. 2010.

[30] 李昆，王健行，魏源送．纳滤在水处理与回用中的应用现状与展望 [J]. 环境科学学报，2016, 36 (8)：2714~2729.

[31] 时均，袁权，高从增．膜技术手册 [M]. 北京：化学工业出版社，2001.

[32] 钱伯章．膜技术的发展及应用 [J]. 纺织导报，2012 (8)：98~101.

[33] 文献，喻庆华，马荣骏．液膜萃取在稀土提取中的应用 [J]. 稀有金属与硬质合金，

1993, 113: 41~44.

[34] 涂星，廖列文．稀土的分离技术［J］．贵州化工，2003，28（3）：3~5.

[35] 魏永巨，李克安，张占辉，等．镨-三溴偶氮胂络合比和稳定常数双系列线性回归法测定［J］．中国稀土学报，1994，12（1）：74~77.

[36] 刘兴荣，郑载兴．支撑液膜法分离铕和钆［J］．稀土，1993（4）：9~13.

[37] 刘振芳，张兴泰，范琼嘉．液膜法从离子吸附型稀土矿提取稀土［J］．稀土，1988（2）：3~8.

[38] 张瑞华．用液膜法从稀土浸出液中分离非稀土杂质［J］．江西有色金属，2000，14（3）：23~26.

[39] 张迈生．反渗透法自离子型矿富集稀土新工艺［J］．稀土，1985（1）：21~23.

[40] Ali Toutianoush, Ashraf El-Hashani, Judit Schnepf, et al. Multilayer membranes of p-sulfonato-calixarene and polyvinylamine and their use for selective enrichment of rare earth metal ions [J]. Applied Surface Science, 2005 (246): 430~436.

[41] 赵楠，裴亮．分散支撑液膜法处理含 Tb(Ⅲ) 和 Dy(Ⅲ) 稀土废水［J］．化工时刊，2017，31（10）：6~11.

[42] 王晓娟，李小康．乳状液膜法处理稀土废水［J］．有色金属(冶炼部分)，2010（3）：31~33.

[43] 黄炳辉，黄培刚，汪德先，等．用液膜技术处理稀土废水［J］．膜科学与技术，2004，24（5）：74~76.

[44] 陈桂娥，阎剑，张海滨，等．聚合物强化超滤法分离镧和铕离子稀土废水［J］．华东理工大学学报，2007，33（2）：167~171.

[45] 王志高，王金荣，彭文博，等．膜分离技术处理离子型稀土矿稀土开采废水［J］．稀土，2017，38（1）：102~107.

[46] 王志高，王金荣，丁婷，等．膜分离集成技术浓缩离子型稀土矿浸出液试验研究［J］．湿法冶金，2014，33（6）：469~472.

[47] Graca N S, Rodrigues A E. Application of membrane technology for the enhancement of 1, 1-diethoxybutane synthesis [J]. Chemical Engineering and Processing: Process Intensification, 2017 (117): 45~57.

[48] 朱健玲，王瑞祥．接触膜脱氨法处理离子型稀土矿山氨氮废水的工程实践［J］．有色金属(冶炼部分)，2017（9）：58~62.

[49] Zhang L N, Xu B H, Gong J D, et al. Membrane combination technic on treatment and reuse of high ammonia and salts wastewater in rare earth manufacture process [J]. Journal of rare earths, 2010 (28): 501~503.

[50] 桂双林，麦兆环，付嘉琦，等．反渗透处理稀土冶炼高氨氮废水及膜污染特征分析［J］．稀土，2021，42（2）：16~24.

[51] 马学玲．一体式膜生物反应器处理稀土氨氮废水的动力学研究［D］．呼和浩特：内蒙古科技大学，2012.

[52] 桂双林，麦兆环，付嘉琦，等．超滤-反渗透组合工艺处理稀土冶炼废水［J］．水处理技

术，2020，46（9）：108~112.

［53］胡亚芹，吴春金，叶向群，等．膜集成技术浓缩稀土废水中的氯化铵［J］．水处理技术，2005，31（8）：38~39.

［54］汪勇，邱晖．稀土硫铵废水零排放工艺应用［J］．冶金与材料，2018，38（3）：22~23.

［55］黄胜星，董庆华．PTFE中空纤维膜萃取草酸工艺研究［J］．广东化工，2018，45（4）：83~85.

［56］Tang J J，Zhou K G. Hydrochloric acid recovery from rare earth chloride solutions by vacuum membrane distillation［J］. Rare metals，2006，25（3）：287~292.

［57］王博．稀土冶炼分离高盐废水零排放处理技术［J］．能源研究与管理，2014（4）：96~98.

［58］万淑芳，肖作义，曲堂超．双极膜电渗析技术处理稀土钠皂化废水回收液［J］．化工环保，2014，34（6）：552~556.

［59］Lv Y，Yan H Y，Yang B J，et al. Bipolar membrane electrodialysis for the recycling of ammonium chloride wastewater：Membrane selection and process optimization［J］. Chemical Engineering Research and Design，2018（138）：105~115.

2 离子吸附型稀土矿赋存特征及浸出规律

2.1 引 言

离子吸附型稀土矿是我国特有资源，20 世纪 70 年代初在我国赣南地区最先找到的属于世界稀有的稀土矿物。它遍及于我国南方的赣、粤、闽、桂等七个省份，具有散布范围广、矿点分散不集中，且规模小、原矿辐射小、配型多样，富含中重稀土元素，难得的是，中重稀土储量约占全世界 70%，弥补了矿物型稀土矿中重稀土含量低的不足，受到了使用中重稀土的下游产业的极大关注，是极为珍贵的矿产资源，它的开采和应用对世界稀土行业起举足轻重的作用。

南方离子吸附型稀土矿不同于北方稀土矿、四川稀土矿和山东单一氟碳铈矿及原生独居石，它是由含稀土的花岗岩或火成岩等原岩经微生物、气候温度，降雨等作用，风化形成高岭石、埃洛石等黏土矿物，同时原岩中的稀土矿物，如硅铍钇矿、氟碳铈矿等易风化的稀土矿物，解离形成稀土水合离子或羟基水合离子吸附在黏土矿物上，从而形成风化壳淋积型稀土矿。

风化壳淋积型稀土矿矿床厚度为 5~30m，一般为 8~10m。由于受岩石性质、地貌条件和风化情况不同的影响，使风化壳的发育厚度不同，具有明显的分层结构，由表及里分为腐殖层、全风化层、半风化层和未风化的基岩。在位于最上部的表层偏酸性的条件下，腐殖层的稀土在大气降水的多次淋滤和地表水的频繁冲刷后向下运移，并在适宜的条件下在全风化层富集成矿。随着向下迁移深度增加，风化程度减弱，黏土矿物含量变化，pH 值升高，使得全风化层下部半风化层上部的黏土矿物在弱酸性条件下吸附能力提高，使得稀土次生富集，在半风化层下部，微风化层中，稀土阳离子很难发生吸附，不利于成矿。

南方离子吸附型稀土矿中主要矿物为黏土矿物，主要包括埃洛石、高岭石等。其中黏土矿物含量大小依次为埃洛石、伊利石、高岭石、蒙脱石，石英砂。南方稀土矿原岩受风化程度不同，造成风化壳剖面由上及下矿物分布有所不同，久而久之造成分层现象。通常矿体上部主要是高岭石和三水铝石，中部主要是埃洛石、高岭石和伊利石，下部主要是伊利石和蒙脱石。

黏土矿物属于典型的层状硅酸盐，颗粒细小，比表面极大，带有净负电荷，其构造使得黏土矿物具有很强的吸附性，形成了一个“载体”，使稀土呈离子状态吸附在“载体”上。黏土矿物在矿体剖面上的分布导致了稀土元素出现了分层现象，在全风化层上部镧、铈、镨等LREE含量高，而HREE多在全风化层中下部以及半风化层中富集。

由于稀土元素在地壳中的赋存比例不同，其在工业中的用途和需求也相差较大，评价一个稀土矿是否具有开采价值，取决于原矿的稀土品位及原矿的稀土配分，稀土配分即矿物中各稀土元素含量的比例。稀土品位决定着浸取指标的好坏，而稀土配分很大程度上决定了该稀土矿的工业利用价值和前景。而针对稀土配分的研究，不仅利于稀土浸取工艺及后续的混合稀土分离工艺，还有利于揭示稀土矿中稀土的迁移赋存成矿规律。

离子吸附型稀土矿中以(Sm、Eu、Gd、Tb、Dy、Ho、Er、Tm、Yb、Lu和Y）中重稀土为主的稀土矿床约占90%，以重稀土(钬、铒、铥、镱、镥和钇）为主的稀土矿床约占8%，以轻稀土(镧、铈、镨和钕）为主的矿床约占2%。根据轻重稀土所占比例的不同，可将南方稀土矿类型归纳为如下三类：

（1）轻稀土配分型稀土矿。稀土矿中轻稀土元素占90%。除了北方以氟碳铈矿、独居石为主的稀土矿外，就是我国南方轻稀土配分型稀土矿，最典型的是寻乌型稀土矿，以铈和镧配分比例较大，是目前发现的唯一以轻稀土为主的南方稀土矿床，寻乌矿原矿品位约为0.1%，其稀土配分较为特殊，为典型低钇富铈稀土矿。

（2）中重稀土配分型稀土矿。稀土矿中钇元素配分为20%~30%，也有包含一定量的轻稀土元素。最典型的是中钇富铕的信丰型稀土矿，铕含量可接近1%，原矿稀土品位在0.05%左右。原岩是加里东期或燕山期的花岗岩和火山岩等，此种矿床占南方开采与发现的矿床的70%左右。

（3）重稀土配分型稀土矿。稀土矿中90%是重稀土元素。最典型的是富钇重稀土配分型的龙南稀土矿，原矿品位在0.08%以上。原岩为燕山早期白云母花岗岩与黑云母花岗岩，它们独立矿物以硅铍钇矿、氟碳钙钇矿为主，导致原岩风化后富钇现象。此外在对南方稀土矿进行科研时，多以该类稀土矿为研究对象。

目前对离子吸附型稀土矿的研究，多是从稀土全相角度出发，反映的是稀土总量的分布规律。而目前的开采工艺，我们浸出的都是离子相，稀土产品也是从离子相沉淀出来。虽然风化壳中主要以离子相为主，但与全相的稀土含量和配分类型仍存在一定差异，尤其是对风化程度弱的稀土矿，离子相所占比例低时，两者差异更大。因此，我们应该更多地展开针对离子相中稀土元素的分布特征的研究，才能更好地反映其贫化与富集的基本规律，更好的指导工业实践，但目前这一工作还做得不够。

2.2　材料与方法

2.2.1　实验材料

试验研究所需矿样材料取自赣州稀土矿业有限公司安远某矿山，在同一矿体不同风化层中取得五种矿样，五种矿样的取样情况如表 2-1 所示，实验装置如图 2-1 所示。

表 2-1　实验材料取样情况

取样类型	取样点	样品情况
全风化	在建堆浸场的堰塘中	粒度细，颜色深
半风化(细)	巷道挖出矿的堆放处	少量大颗粒，手捏即碎，颜色较浅
半风化(粗)	巷道挖出矿的堆放处	呈大块，易摔碎
微风化	正在开挖的巷道中	呈大块，易碎
基岩	正在开挖的巷道中	大块，坚硬，不易碎

2.2.2　实验设备

稀土矿柱浸试验装置如图 2-1 所示。

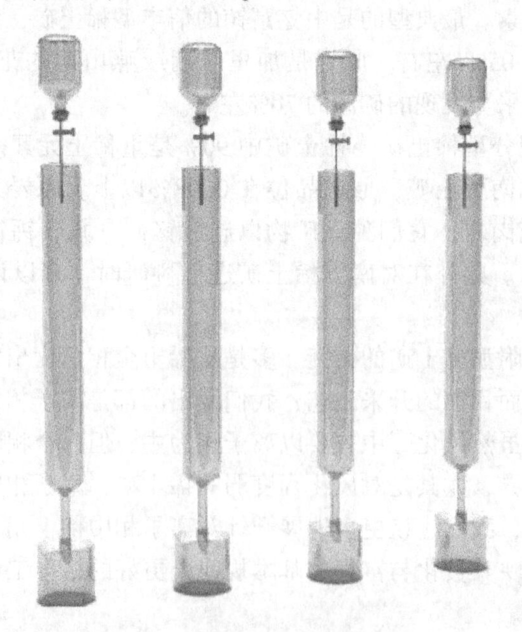

图 2-1　稀土矿柱浸试验装置图

2.2.3 实验方法

（1）离子吸附型稀土矿原矿连续分级浸取方法。对全风化、半风化稀土及微风化稀土不同粒级各相态采用稀土连续分级提取方法测定，提取稀土水溶相，离子相，胶态相，矿物相稀土，观察变化规律，见表2-2。

表2-2 风化壳淋积型稀土矿各相稀土提取方法(连续分级提取方法)

赋存状态	提取剂	提取方法
水溶相	去离子蒸馏水	1. 取500g矿样用2.5L去离子蒸馏水浸取1h，过滤浸取物； 2. 用相同条件，以错流方式浸取10遍，合并收集滤液； 3. 蒸馏浓缩，分析稀土含量
离子相	$2\%(NH_4)_2SO_4$	1. 将上述已提取水溶相稀土的矿样装入直径为50mm柱子中； 2. 用$2\%(NH_4)_2SO_4$溶液淋浸，直至几乎没有稀土浸出为止；合并收集浸取液，分析稀土含量
胶态相	0.5mol/L $NH_2OH \cdot HCl$+ 2mol/L HCl	1. 将上述已提取水溶相和离子相稀土的矿样，用2.5L 0.5mol/L，$NH_2OH \cdot HCl$+2.0mol/L HCl溶液搅拌浸出1h，过滤浸出物； 2. 用相同条件，以错流方式浸取5遍，合并收集滤液，分析稀土含量
矿物相	Na_2O_2+NaOH	1. 将上述已提取过水溶相、离子相和胶态相稀土的矿样，经Na_2O_2+NaOH于900℃熔融； 2. 再用盐酸溶解酸化，提纯后分析稀土含量
全相	Na_2O_2+NaOH	1. 原矿样经过Na_2O_2+NaOH于900℃熔融； 2. 再用盐酸溶解酸化，提纯后分析稀土含量

注：$NH_2OH \cdot HCl$为盐酸羟胺。

（2）离子吸附型稀土矿矿石物相分析方法。取同一矿体不同风化层矿样(全风化层、全风化层下部半风化层上部、微风化层)，测其稀土配分，查明其稀土配分类型；对各矿样进行粒度分级并测得各粒级稀土含量，对原矿进行X衍射分析及傅里叶变换红外光谱分析，测定其物相组成，总结该稀土矿石的工艺矿物学性质。

（3）离子吸附型稀土矿浸取试验。对全风化、半风化及全半混合样矿石分别进行条件浸出实验，确定工艺条件，主要包括：浸取剂pH值、浸取剂浓度、浸取液固比等，以及浸取过程铝离子含量变化、氨氮变化、尾液水、浸取剂循环使用情况等。拟采用试验室淋浸、模拟堆浸的方式，对比试验结果，观察稀土浸出率、稀土浓度、氨氮铝含量变化。

2.2.4　测试方法

（1）离子吸附型稀土原矿相态连续分级分析方法，见表2-3。

表2-3　离子吸附型稀土矿中稀土元素的连续分级提取分析方法

相态	稀土元素分析方法
水溶相稀土	蒸发浓缩200倍后采用偶氮胂Ⅲ分光光度法测定稀土离子含量
离子相稀土	采用EDTA容量法测定稀土离子含量
胶态相稀土	用铜试剂分析提纯后，采用偶氮胂Ⅲ分光光度法测定稀土离子含量
矿物相稀土	采用过氧化钠及氢氧化钠熔融后酸化，提纯，草酸盐重量法测定稀土离子含量
稀土全相	同矿物相稀土分析方法

（2）稀土原矿碱熔法。原矿稀土碱熔法应用于稀土矿物相，全相稀土含量分析预处理及稀土原矿全相配分测定预处理阶段。试样粒度应研磨至通过0.074mm筛，并经105~110℃干燥2h，置于干燥器中冷却至室温。称取0.50g试样，精确至0.0001g，置于30mL镍坩埚(盛有3g强氧化钠预先已加热去除水分)中，覆盖1.5g过氧化钠，加热去除水分，摇动坩埚使试样散开，盖好坩埚盖，置于750℃马弗炉中熔融至缨红并保持5~10min(中间取出摇动一次)，取出稍冷。

将坩埚置于盛有120mL热水的烧杯中浸取。待剧烈作用停止后，用水冲洗坩埚及外壁，加入2mL盐酸溶液洗涤坩埚，用水洗净取出坩埚及坩埚盖，控制体积约180mL。将溶液煮沸2min，稍冷。用中速滤纸过滤，以氢氧化钠溶液洗涤烧杯2~3次，洗涤沉淀5~6次。将沉淀连同滤纸放入原烧杯中，加入30mL硝酸、3~5mL高氯酸，盖上表面皿，破坏滤纸和溶解沉淀。待剧烈作用停止后，继续冒烟并蒸至体积约2~3mL，取下，冷却至室温，加入5mL盐酸，加热，溶解清亮，取下，冷却至室温。将试液转移至250mL容量瓶中，以水稀释至刻度，混匀。移取5mL该试液于50mL容量瓶中，以盐酸稀释至刻度，混匀。

（3）比色法测定稀土总量。

1）铜试剂分离偶氮胂Ⅲ分光光度法测定稀土离子含量原理。试样经酸溶解后，用铜试剂沉淀分离干扰元素，分取部分试液，在pH=3时，加偶氮胂Ⅲ与稀土络合生成蓝紫色络合物，在分光光度计上于波长650nm处进行光度测定。计算出稀土总量的质量分数。

2）稀土总量标准溶液：称0.1198g加20mL盐酸(1+1）低温溶液后，定容于1000mL容量瓶中，此溶液每毫升含氧化稀土100μg。移取20mL稀土储备液（100μg/mL）于200mL容量瓶中，用水稀释至刻度。

3）工作曲线绘制，分取0mL、0.5mL、1mL、3mL、5mL、7mL稀土标准溶液(10μg/mL)，分别置于5个25mL容量瓶中，各加10mL乙酸(1+7)，5滴氨水（此时溶液的pH=3）；加2mL磺基水杨酸，2mL偶氮胂Ⅲ(0.5g/L）稀释至50mL，比色。

4）显色，试验取5mL滤液加10mL铜试剂溶液(200g/L）沉淀，氨水加盐酸调节pH=3，过滤后加2mL磺基水杨酸，2mL偶氮胂Ⅲ稀释至50mL，比色。

（4）EDTA容量法测定稀土含量。

1）滴定原理。该方法原理为：采用磺基水杨酸掩蔽铁等杂质离子，在pH值为5.5时，使用二甲酚橙作为指示剂，用EDTA标准液滴定稀土含量。

2）滴定操作步骤。滴定时，每次用移液管移取10mL浸出液于250mL锥形瓶中(若稀土浓度较高则先加入适量蒸馏水稀释)，加50mL水，0.2g抗坏血酸，2mL磺基水杨酸，1滴甲基橙，用氨水和盐酸调节溶液刚变为黄色，加六次甲基四胺缓冲溶液5mL，乙酰丙酮5mL，二甲酚橙2滴，用EDTA标准液滴定至稀土溶液由红色变为黄色即为终点。

（5）为了减少浸出液中其他离子的干扰，对于风化壳淋积型稀土矿铝的连续分级分析测试方法采用了ICP-AES测试铝离子含量。

1）方法原理：试样经盐酸、氢氟酸分解，高氯酸冒尽烟后，加入草酸，调节至微酸性pH=1.5~2.0，使铝与稀土分离。加入硝酸和高氯酸破坏草酸根，以氩等离子体光源激发，进行光谱测定。

2）铝标准贮存溶液：称取1.0000g金属铝(光谱纯，用前除尽表面氧化物)于500mL烧杯中，加入水50mL，再加入40mL盐酸，低温溶至清亮，冷却。移入1000mL容量瓶中，用盐酸稀至刻度，混匀。

3）铝标准溶液：移取10.00mL铝标准贮存溶液于100mL容量瓶中，加入5mL盐酸，用水定容，混匀。

4）分析试液的制备：取20mL待测液体，加入10mL热的草酸溶液(100g/L)，摇匀后加入3~5滴甲酚红指示剂[0.2g甲酚红溶液100mL乙醇溶液(1+1)]，用盐酸和氨水调成橘红色，于40℃保温30min。

5）将试液移入100mL容量瓶中并稀释至刻度，摇匀。干滤，移取滤液25mL于200mL烧杯中，加入10mL硝酸和5mL高氯酸，低温蒸发至冒尽白烟，取下冷却。加入5mL盐酸，吹水少许，于低温电炉上，微热至沸片刻，使盐类全部溶解，冷却后移入25mL容量瓶中，以水定容混匀。

(6) EDTA 反滴定法测稀土溶液中 Al^{3+}。

1) 滴定原理。

EDTA 与铝离子络合

$$Al^{3+}+H_2Y^{2-} \rightleftharpoons AlY^-+2H^+$$

加入选择性高的 NaF，从 Al-EDTA 中置换出定量的 EDTA

$$AlY^-+6F^- = AlF_6^{3-}+Y^{4-}$$

EDTA 与铝离子络合速度比其他金属离子络合慢，因此采用加入过量 EDTA，煮沸后，用标准锌离子溶液滴定过量的 EDTA 作为第一次终点，不用记录所用的体积，然后加入氟化钠煮沸使置换 EDTA 的反应完全。再用标准锌离子标准液滴定定量置换出来的 EDTA，根据第二次到达终点所用的溶液体积来计算铝离子含量。

2) 滴定操作步骤。将试液取下，加入 30mL EDTA 溶液，加入 1~2 滴酚酞指示剂，用氢氧化钠中和至红色出现。用盐酸中和至无色并过量 1 滴，加入 20mL 乙酸-乙酸钠缓冲溶液，微沸 1~2min，取下冷却。

在试液中加入 2 滴二甲酚橙指示剂，用硫酸锌溶液滴定至接近红色，再用硫酸锌标准溶液继续滴定至刚好出现纯红色(不计读数)。加入 15mL 氟化钠溶液，微沸 1~2min，取下冷却，用硫酸锌标准溶液滴定至纯红色为终点。

(7) 甲醛法测硫酸铵浓度。

1) 方法原理：在中性溶液中，铵盐与甲醛作用生成六次甲基四胺、盐酸和水，在指示剂存在下，用氢氧化钠标准滴定溶液滴定。反应化学方程式如下：

$$4NH_4^+ + 6HCHO = (C_2H_2)_6N_4 + 4HCl + 6H_2O$$

2) 准确吸取稀土母液 5mL，加入 5%EDTA 试剂 5mL，摇匀放置 1~2min，加酚酞试剂 10 滴；加 0.1mol/L 的 NaOH 标准溶液，由无色变成微红色；加 1∶9 盐酸溶液，由微红色转变成无色即可；加 40%甲醛溶液 10mL，摇匀放置片刻；用 NaOH 标准溶液滴定，由无色转变成微红色，半分钟内不变色即为终点。

2.3 离子吸附型稀土矿赋存特征

2.3.1 稀土矿化学成分组成

如表 2-4 所示，由上至下 SiO_2、Al_2O_3 及稀土总量降低，即风化程度越差，铝硅酸盐矿物含量越低，因而稀土含量减少。原矿中钙，镁杂质含量主要影响浸出后稀土总量是否达标，而杂质铝含量过高不仅影响浸出效果，还会在沉淀过程中消耗大量的碳酸氢铵，降低稀土沉淀率。全风化层含铝铁等杂质相对高，是由于腐殖层中大量的杂质向下淋滤迁移所致，这对后续离子相的浸取不利。而原地浸取工艺可透过腐殖层及全风化层上部直接对全风化层半风化层进行浸取，有助于减少杂质含量。

表 2-4 稀土矿主要化学成分 (%)

元素（质量分数）	SiO_2	Al_2O_3	Fe_2O_3	MnO	CaO	MgO	$\sum REO/\times10^{-6}$
全风化稀土矿	65.31	17.12	2.39	0.06	0.28	0.45	421.79
半风化稀土矿	57.62	11.45	1.76	0.05	0.36	0.57	230.53
微风化稀土矿	55.15	10.87	1.52	0.02	0.33	0.23	211.17

2.3.2 全相稀土配分分析

将各矿样磨至-200 目以下，预处理后通过 ICP-MS 检测各层各稀土元素含量，累加后即为稀土总量，换算成稀土配分后，可计算其混合稀土氧化物半分子量，进而用于计算稀土品位、浸取率等。可对各层稀土矿划分配分类型，判断其工业价值。

由表 2-5 可知，轻稀土（La_2O_3、CeO_2、Pr_6O_{11}、Nd_2O_3）占 84.53%，重稀土（Ho_2O_3、Er_2O_3、Tm_2O_3、Yb_2O_3、Lu_2O_3、Y_2O_3）占 9.11%，该矿为轻稀土矿。通过稀土配分可计算其混合稀土化合物摩尔式量，即混合稀土氧化物半分子量为 164.87。其离子相稀土品位 $\omega(REO)=0.0329\%$，相对于 0.03%~0.3%常规稀土含量，该稀土矿离子相稀土品位偏低，全相稀土品位 $w(REO)=0.0421\%$，故该稀土矿风化率为 78%，风化程度较高。用配分箱式切割分类法，该稀土符合 $0.5 \leqslant Eu_2O_3<1$，$Y_2O_3<20$，$\sum_{i=1}^{3} MiREO(Sm_2O_3, Eu_2O_3, Gd_2O_3)=5.07<10$，属中铕二低型稀土矿。

表 2-5 全风化稀土矿原矿稀土配分 (%)

元素	La_2O_3	CeO_2	Pr_6O_{11}	Nd_2O_3	Sm_2O_3	Eu_2O_3	Gd_2O_3	Tb_4O_7
配分	20.34	42.18	4.69	16.66	2.21	0.51	2.35	0.34
元素	Dy_2O_3	Ho_2O_3	Er_2O_3	Tm_2O_3	Yb_2O_3	Lu_2O_3	Y_2O_3	
配分	1.6	0.45	1.28	0.17	0.72	0.18	6.31	

由表 2-6 可知，该稀土为轻稀土矿，混合稀土氧化物半分子量为 163.82。其离子相品位 $w(REO)=0.0139\%$，全相稀土品位 $w(REO)=0.0231\%$，故该稀土矿风化率为 60.17%，风化程度较低。用配分箱式切割分类法，该稀土符合 $Eu_2O_3<0.5$，$Y_2O_3<20$，$\sum_{i=1}^{3} MiREO(Sm_2O_3, Eu_2O_3, Gd_2O_3)<10$，属三低型稀土矿。

表 2-6　半风化稀土矿原矿稀土配分　(%)

元素	La_2O_3	CeO_2	Pr_6O_{11}	Nd_2O_3	Sm_2O_3	Eu_2O_3	Gd_2O_3	Tb_4O_7
配分	17.87	41.09	4.17	14.56	2.88	0.38	2.85	0.22
元素	Dy_2O_3	Ho_2O_3	Er_2O_3	Tm_2O_3	Yb_2O_3	Lu_2O_3	Y_2O_3	
配分	2.19	0.40	1.16	0.17	1.05	0.24	10.77	

由表 2-7 可知，该稀土为轻稀土矿，混合稀土氧化物半分子量为 161.64。其离子相品位 $w(REO)=0.0099\%$，全相稀土品位 $w(REO)=0.0211\%$，故该稀土矿稀土风化率为 46.91%，风化程度较低。用配分箱式切割分类法，该稀土符合 $Eu_2O_3<0.5$，$Y_2O_3<20$，$\sum_{i=1}^{3} MiREO\ (Sm_2O_3,\ Eu_2O_3,\ Gd_2O_3)<10$，属三低型稀土矿。

表 2-7　微风化稀土矿原矿稀土配分　(%)

元素	La_2O_3	CeO_2	Pr_6O_{11}	Nd_2O_3	Sm_2O_3	Eu_2O_3	Gd_2O_3	Tb_4O_7
配分	17.82	42.27	4.01	13.52	2.23	0.39	2.95	0.27
元素	Dy_2O_3	Ho_2O_3	Er_2O_3	Tm_2O_3	Yb_2O_3	Lu_2O_3	Y_2O_3	
配分	2.42	0.43	1.22	0.18	1.10	0.27	10.92	

2.3.3　稀土各相态分析

由表 2-8 可知，三种稀土矿中皆是离子相含量最大，然后依次是矿物相，胶态相，最后由于水溶相含量极小，本试验没有检测。此外，纵向从全风化到微风化离子相比例减小，胶态相与矿物相比例增加。各相态稀土在不同风化层各个粒级中赋存结果如表 2-9~表 2-11 所示。

表 2-8　不同层稀土矿各相态稀土含量及分布比例

稀土矿	离子相/%	分布比例	胶态相/$\times10^{-6}$	分布比例	矿物相/%	全相/%
全风化	0.0329	77.96	35.74	8.47	57.26	13.57
半风化	0.0139	60.17	28.76	12.50	62.24	27.33
微风化	0.0099	46.91	24.84	11.77	87.16	41.27

表 2-9 （全风化）各相稀土各粒级分布比例

粒级/mm	离子相/%	胶态相/%	矿物相/%
+0.6	15.74	12.16	72.1
+0.212～-0.6	18.38	13.96	67.66
+0.125～-0.212	12.17	22.07	65.76
+0.09～-0.125	17.67	23.87	58.46
-0.09	46.05	27.93	26.02

表 2-10 （半风化）各相稀土各粒级分布比例

粒级/mm	离子相/%	胶态相/%	矿物相/%
+0.6	22.69	13.19	64.12
+0.212～-0.6	17.38	19.94	62.68
+0.125～-0.212	8.86	32.52	58.62
+0.09～-0.125	10.76	17.79	71.45
-0.09	40.32	16.56	43.12

表 2-11 （微风化）各相稀土各粒级分布比例

粒级/mm	离子相/%	胶态相/%	矿物相/%
+0.6	20.80	6.6	72.6
+0.212～-0.6	16.49	5.4	78.11
+0.125～-0.212	10.71	18.6	70.69
+0.09～-0.125	9.14	40.96	49.9
-0.09	42.86	28.31	28.83

2.4 离子吸附型稀土矿浸出规律

2.4.1 原矿粒度分析

矿石粒度变化实际上取决于矿石中未风化残留矿物的粒度，为了考察风化程度不同的三种矿样矿石粒度分布以及相应粒级的稀土含量，本试验进行筛分分析：用四分法缩分出全风化、半风化、微风化稀土原矿各 1kg，经真空干燥箱烘干后，筛分为五个自然粒级，并记录各粒级产率。然后取一定量烘干后的各粒级原矿进行柱浸试验，用 2%硫酸铵做浸取剂，液固比 2：1（以保证各粒级所含稀土充分浸出），以相同流速柱浸，测量其稀土含量。不同风化层稀土矿中各粒级的产率和稀土含量如图 2-2 所示。

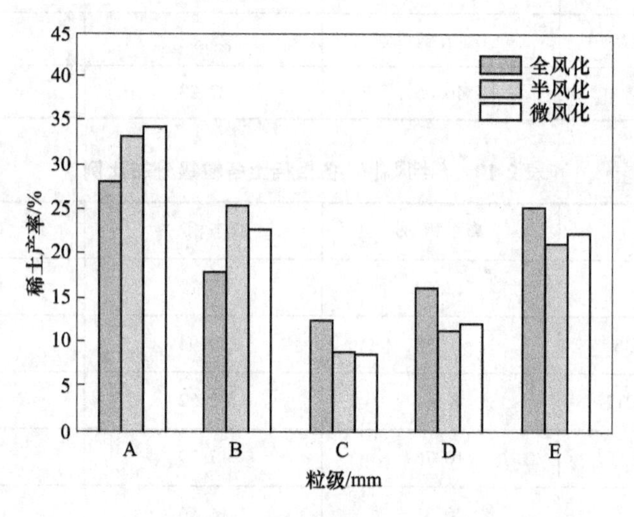

图 2-2　不同风化层稀土矿粒度分布

（A：+0.6；B：+0.212～-0.6；C：+0.125～-0.212；D：+0.09～-0.125；E：-0.09）

由柱状图 2-2 可知，全风化在 A 和 B 两个粗粒级中稀土矿稀土产率小于半风化与微风化稀土矿，而在 C、D、E 细粒级中稀土产率大于半风化水平低的稀土矿。出现这种现象的原因是由于风化程度的不同引起的，即全风化稀土矿细粒级颗粒较多，半风化、微风化稀土矿粗粒级颗粒较多，这是因风化程度的不同引起。虽然稀土矿粒度越细，渗透性越差，不利于稀土流出，但渗透性差反倒有利于浸取剂与黏土矿物表面接触时间延长，增加了发生离子交换的机会。

由柱状图 2-3 可知，各层稀土矿都呈现出稀土含量主要赋存于细粒级颗粒中，全风化稀土矿中 76.5%的稀土含量赋存在小于 0.212mm 的细小颗粒中；半风化、微风化稀土矿中也分别有 58.86%、62.86%的稀土含量赋存在小于 0.212mm 的细小颗粒中。虽然大于 0.212mm 的稀土矿产率高，但稀土含量较少，因为风化程度越好，矿石粒度越细，黏土矿物越多，而黏土矿物具有比表面积大、活性中心多的特点，因此吸附性越强。

此外，值得注意的是，半风化、微风化稀土矿中，大于 0.212mm 的粗粒级中赋存的稀土含量仍然较高，造成了这部分稀土浸出效果低。

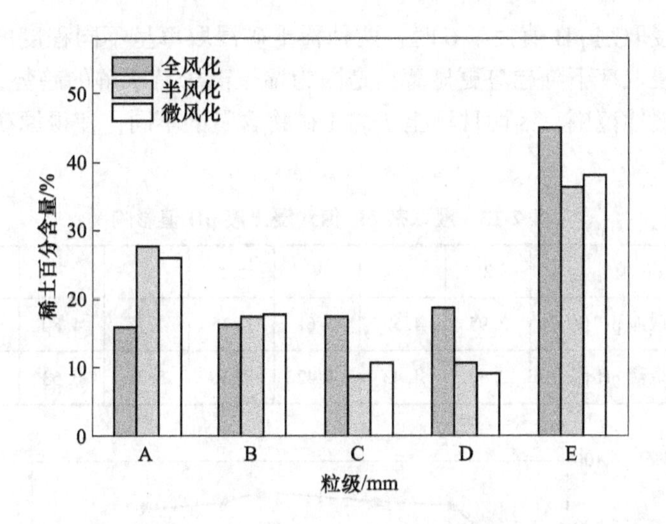

图 2-3 不同风化层稀土矿稀土分布

(A：+0.6；B：+0.212～-0.6；C：+0.125～-0.212；D：+0.09～-0.125；E：-0.09)

2.4.2 浸取剂 pH 值的影响

2.4.2.1 电解质溶液 pH 值

取全风化稀土，半风化稀土各 300g，用 3%硫酸铵溶液以液固比 0.8：1，用 H_2SO_4 和 NH_3H_2O 调节 $(NH_4)_2SO_4$ 溶液 pH 值，流速 0.6mL/min 条件下分别进行柱浸试验，考察浸取剂在不同 pH 值条件下，对不同风化程度稀土矿浸取率以及杂质铝的影响。同时，为了证明稀土原矿的缓冲性，需对浸取液的 pH 值进行测量。

2.4.2.2 稀土矿矿石缓冲性

如表 2-12 所示，用 pH 值 3～7.5 浸取全风化矿，用 pH 值 3～5.5 浸取半风化矿，得到浸取液的 pH 值分别在 4.75、4.42 左右，随着浸取剂 pH 值升高，浸出液 pH 值也升高，但变化范围不大，因为黏土矿物的结构表面由大量—OH 或—O—结构基团组成，这种基团的特点是，遇碱，—OH 基团可释放 H^+；遇酸，—O—基团可接受 H^+。表明了黏土矿物具有一定的抗碱和抗酸的能力，使浸出液的 pH 值稳定在一定的变化范围内。当浸取剂 pH 值过高或者过低时，则超出了原矿的缓冲范围。

2.4.2.3 浸取剂溶液 pH 值对稀土浸取率的影响

如图 2-4 所示，当浸取剂 pH 值为 5.5 左右时，两种稀土矿的稀土浸取率达到最高。当浸取剂 pH 值大于 6 时，两种稀土矿浸取率呈不同程度的下降，且半风化稀土矿浸取率下降趋势更显著，是因为稀土离子有水解的趋势，浸出 pH 值超过原矿的缓冲范围，因两种稀土矿黏土矿物含量的不同，使得原矿的缓冲范围不同。

表 2-12　浸取剂 pH 值对浸出液 pH 值影响

浸取剂 pH 值	2	3	4	5.5	6	7	7.5	8
全风化矿浸取液 pH 值	2.95	4.52	4.61	4.75	4.75	4.80	4.97	6.6
半风化矿浸取液 pH 值	2.32	4.43	4.42	4.46	5.78	6.63	6.91	7.86

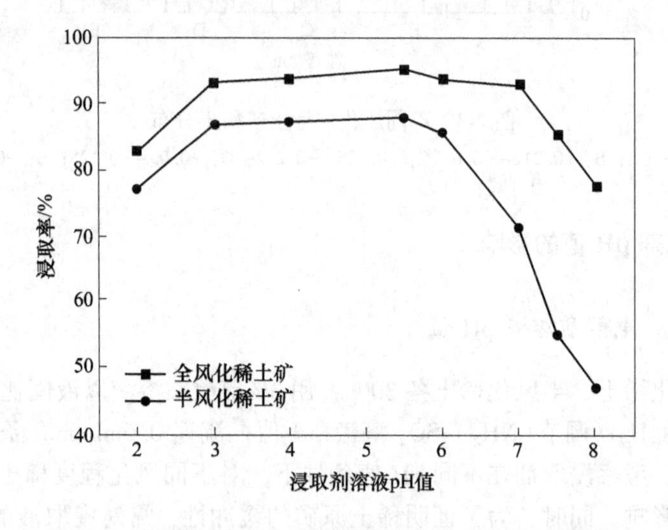

图 2-4　浸取剂 pH 值与不同风化程度稀土矿浸出率曲线

2.4.2.4　浸取剂溶液 pH 值对铝离子浸取的影响

如图 2-5 所示，浸取液铝离子浓度以及稀土浓度均随浸取剂 pH 值的升高而降低，当 pH 值小于 4 时，全风化、半风化稀土浸取液中铝离子浓度最高分别能达到 0.28g/L、0.05g/L 左右，在高酸度条件下，吸附态铝转变为交换态铝。当 pH 值过高时，虽然浸取液中铝离子浓度降低，但稀土发生水解而使稀土浓度大大降低。

综上所述，考虑浸取率、稀土浓度以及铝离子浓度影响，宜选择浸取剂 pH 值 5 左右。

2.4.3　浸取剂浓度的影响

取全风化矿样 300g/份，半风化矿样 300g/份，用硫酸铵浸取剂，流速

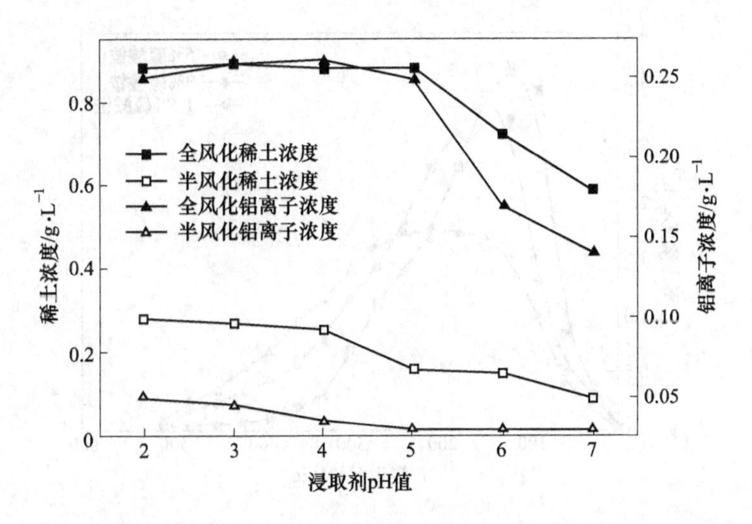

图 2-5 浸取剂 pH 值与不同风化程度稀土矿稀土离子、铝离子浓度曲线

0.6mL/min，液固比 0.8：1 条件下，分别采用 2%、2.5%、3.0%、4.0%、5.0%（w/V，质量体积比）浸取剂进行柱浸试验，收集浸取液，取样分析浸取率，稀土浓度，杂质铝浓度。考察浸取剂浓度对不同风化程度稀土矿浸取行为的影响。此外，本节还考察了浸取剂硫酸铵在浸取前后耗量的情况。

2.4.3.1 浸取剂浓度对稀土矿浸取率的影响

首先考察浸取剂浓度对风化壳淋积型稀土矿浸取曲线的影响，取代表性更好的全风化稀土矿进行浸取试验，采用 1.5%、3%、5% 硫酸铵为浸取剂，流速 0.6mL/min，液固比 0.8：1。如图 2-6 所示，浸取剂浓度越高，浸取曲线峰宽越窄，风化壳淋积型稀土矿浸取液峰值浓度越高，可高达 3.5g/L，稀土浓度达到峰值的时间也更快，这是由于风化壳淋积型稀土矿稀土浸出属于内扩散固膜控制，提高浸取剂浓度，增大浸取剂浓度梯度，扩散速率快，渗透力大，加快了稀土交换速度。当浸取剂浓度足够高时，浸取剂浓度对传质的影响不明显，虽然稀土浓度有效提高，但对浸取率影响不明显，综合考虑，不宜使用过高浓度的浸取剂。

如图 2-7 所示，随着浸取剂浓度的升高，稀土浸取率与稀土浓度都上升。当硫酸铵浓度为 3%，全风化稀土矿浸取率达 96%，稀土浓度为 0.95g/L；半风化稀土矿浸取率达 86%，稀土浓度为 0.18g/L；当浸取剂浓度 2%~3%时，风化壳淋积型稀土矿稀土浸取率随电解质浓度的升高而显著提高，当浸取剂达一定值后（大于 3.5%），稀土浸取率开始变化不大。虽然稀土浓度随着浸取剂浓度的升高而升高，但浸取剂浓度的增大，容易导致浸出过程中杂质 Al^{3+} 等的浸出。

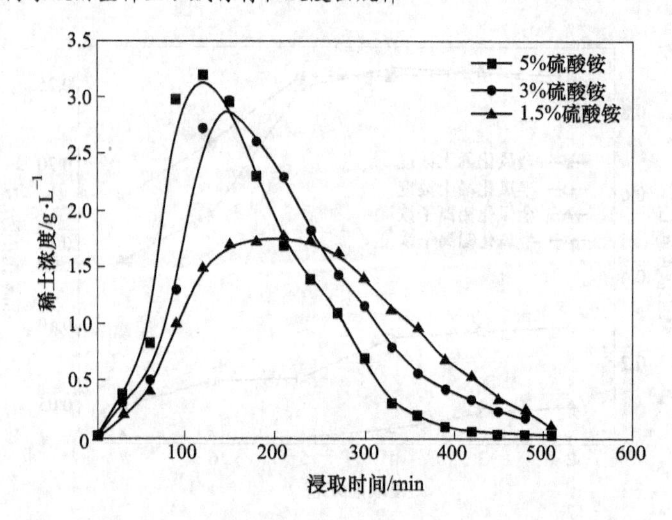

图 2-6 浸取时间与浸取液稀土浓度变化曲线图

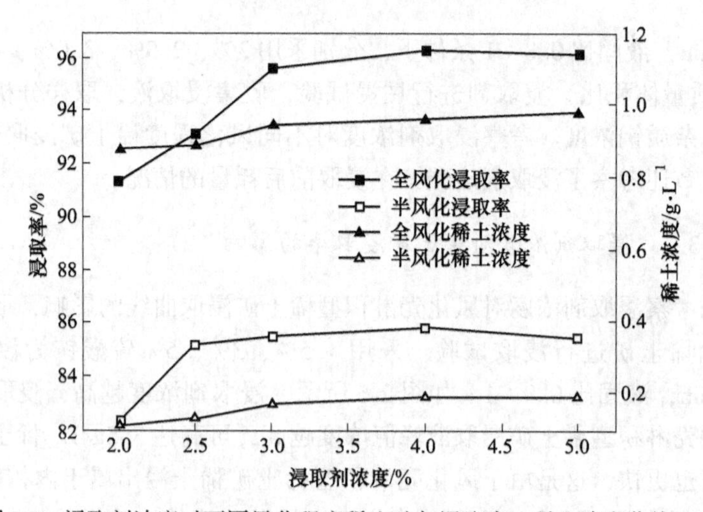

图 2-7 浸取剂浓度对不同风化程度稀土矿与浸取率、稀土浓度曲线

2.4.3.2 浸取剂浓度对稀土矿中铝离子浸取的影响

取全风化稀土矿，半风化稀土矿 200g/份，用硫酸铵浸取剂，流速 0.6mL/min，液固比 0.8：1 条件下，分别采用 1%、2%、3.0%、4.0%、5.0%（w/V，质量体积比）浸取剂进行柱浸试验，收集浸取液，取样分析铝离子浓度。考察浸取剂浓度对不同风化程度稀土矿浸取过程中铝离子浸取情况，如图 2-8 所示。并观察 3%硫酸铵浓度下不同风化程度稀土矿浸取曲线，如图 2-9 所示。

由图 2-8 可知，全风化稀土矿浸取液中铝离子浓度随着浸取剂浓度的升高而升高，最高可达 0.2g/L。半风化稀土矿浸取液中铝离子浓度很低，且随浸取剂

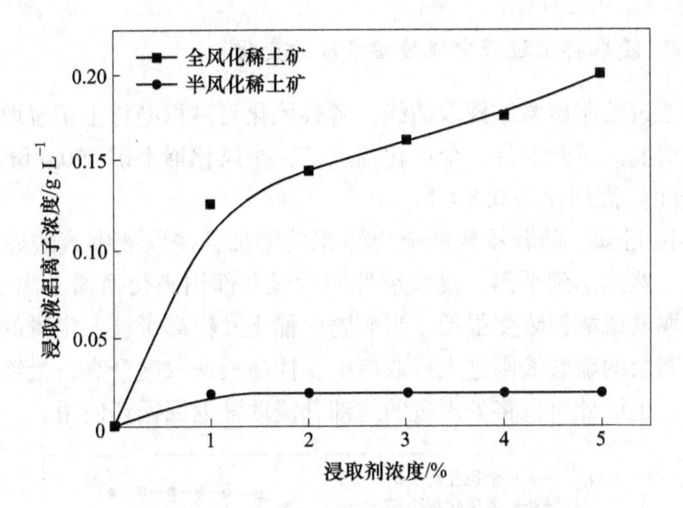

图 2-8 浸取剂浓度对浸取液中铝离子浓度的影响

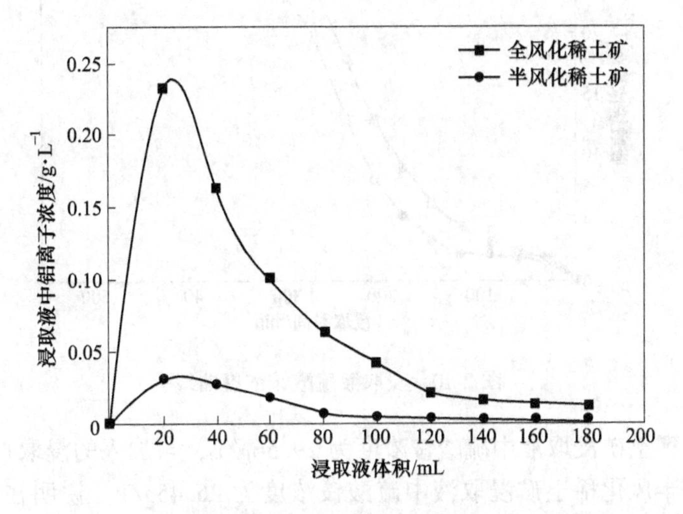

图 2-9 风化壳淋积型稀土矿浸取液中铝离子浸取曲线图

浓度升高增加不明显，因黏土矿物含量不同，水溶态和交换态铝含量少，且有可能部分交换态铝转化成吸附态无机羟基铝，使浸出液中的杂质铝含量减少。因此可以考虑适当增加浸取剂浓度，以提高浸取率。由图 2-9 可知，铝离子浸取曲线与稀土浸取曲线相似，都是随着浸取液的流出，先增大，到达峰值后再减小，最终趋于零。水溶态铝会直接流入浸出液中，而交换态铝则会被铵根离子交换出来并向下迁移，在迁移过程中可能会发生再吸附，但是随着铵根离子的不断滴入，交换界面的浓度梯度增加，则会发生再吸附-解吸的过程，因此铝离子浓度从低变高，当矿物中的铝离子被交换完全后，浸出液中的铝离子浓度则开始下降。

2.4.3.3　浸取稀土过程中硫酸铵浓度的变化

本试验通过绘制硫酸铵浸取曲线，考察风化壳淋积型稀土矿浸取液中硫酸铵浓度的变化情况。试验条件：全风化稀土矿，半风化稀土矿 400g/份，3%硫酸铵浸取剂(30g/L) 液固比为 0.8∶1。

由图 2-10 可知，随着浸取液流出体积的增加，浸取液中硫酸铵浓度由平缓到急剧上升，然后达到平衡。浸取剂最初阶段全部用来交换稀土离子及铝离子，所以最初浸取液硫酸铵浓度很低，当矿物中稀土及铝离子被一定量的铵根离子交换完全后，剩余的硫酸铵则进入浸取液中，使硫酸铵浓度升高，最终与加入的硫酸浓度相近，也因此可以将处理过的这部分浸取液返回循环使用。

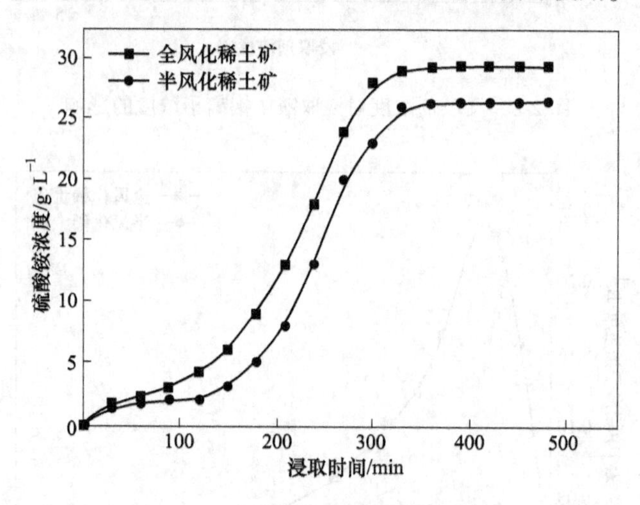

图 2-10　浸取液硫酸铵浓度曲线

全风化稀土矿浸取液中硫酸铵浓度为 29.56g/L，与加入的浸取剂浓度 3%相差不大，而半风化稀土矿浸取液中硫酸铵浓度为 26.45g/L。说明在浸取此种稀土时残留了部分硫酸铵。

2.4.4　浸取剂液固比的影响

2.4.4.1　浸取剂液固比对稀土矿浸取率的影响

取全风化矿样 300g/份，半风化矿样 300g/份，用 3%硫酸铵浸取剂(w/V，质量体积比)，流速 0.6mL/min 条件下进行柱浸试验，收集滤液，分析稀土浸取率及稀土浓度。考察不同液固比 0.4∶1、0.6∶1、0.8∶1、1∶1、1.2∶1 条件下对稀土矿浸取率及稀土浓度的影响。

如图 2-11 所示，随着液固比的增大，稀土浸取率增加，但相应的稀土浓度减少，这是因为在相同硫酸铵浓度条件下，浸取液固比小，则单位硫酸铵溶液中的 NH_4^+ 离子就多，利于 NH_4^+ 与 RE^{3+} 的充分接触与交换，在固液反应体系中，溶液体积的增加可使固液反应物接触的概率增加，生成物的浓度梯度减小，扩散阻力减小，从而使化学反应更容易发生，当浸取液固比大于0.8∶1时，全风化，半风化稀土浸取率增加的幅度不大，是因为反应平衡以后，液固比对浸出率几乎无太大影响，如果再增加液固比也会造成成本的浪费。

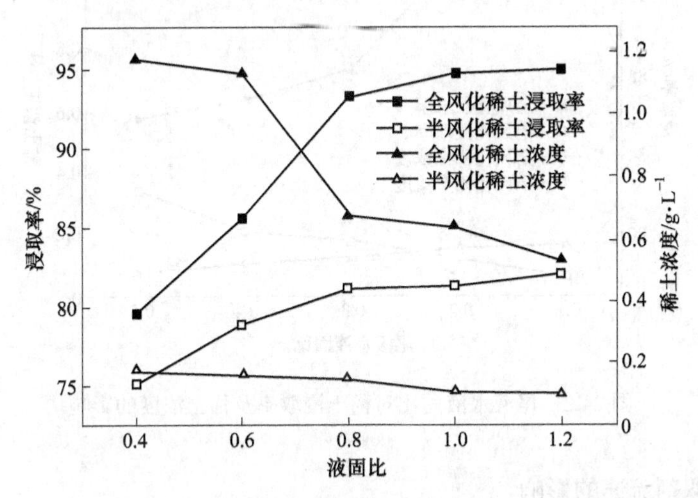

图 2-11 液固比对不同风化程度稀土矿浸取率及稀土浓度的影响

当浸取液固比为0.8∶1时，全风化稀土矿浸取率可达到94%，但是综合考虑到稀土浓度及药剂的成本，应该选择液固比0.7∶1，稀土浓度为0.95g/L；当浸取液固比为0.8∶1时，半风化稀土矿浸取率为81%，稀土浓度为0.155g/L。对于半风化稀土矿，因稀土浓度变化范围不大，可选择适当提高液固比，增加浸取率，提高半风化稀土矿的利用率。

2.4.4.2 尾液水液固比对稀土浸取过程的影响

随着铵根离子的加入，浸取过程中不断的发生离子交换过程，同时因矿体中的黏土矿物表面因破键而出现的未饱和负电荷反过来吸附稀土离子，致使一部分稀土离子没能及时流出，为了减轻这一现象的影响，当稀土矿被一定用量的浸取剂淋洗结束后，立即加注尾液水挤压被淋洗出来的稀土离子，提高综合利用率。但用量太大不仅会降低稀土浓度，还会造成山体滑坡等危险。因此，通过该试验探讨合适的尾液水液固比用量。

试验条件：全风化稀土矿，半风化稀土矿300g/份，3%硫酸铵浸取剂，液固比0.8∶1，流速0.6mL/min。采用尾液水液固比0.1∶1、0.2∶1、0.3∶1、0.4∶1、0.5∶1，收集滤液，分析稀土浸取率与稀土浓度。

由图 2-12 可知，随尾液水液固比增加，稀土浸取率增加，但增加不明显，与此同时稀土浓度降低，且全风化稀土矿浸取液稀土浓度下降较快，综合考虑，应采用尾液水液固比 0.2：1 为宜。

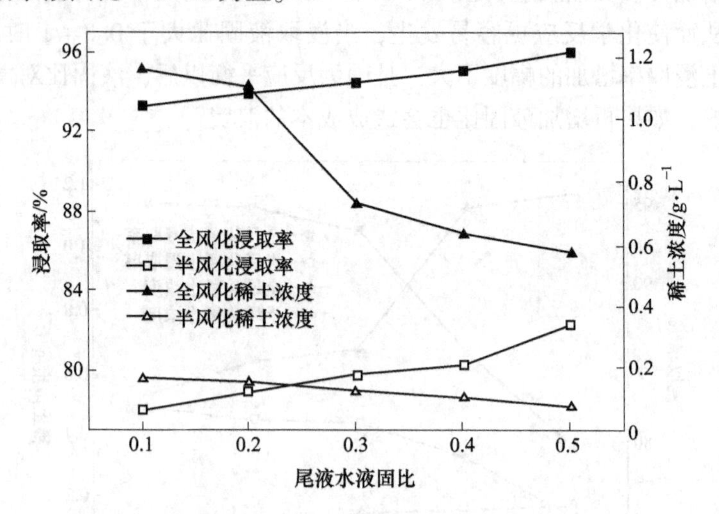

图 2-12　尾液水液固比对稀土浸取率及稀土浓度的影响

2.4.5　浸取剂流速的影响

试验条件：取全风化矿样 300g/份，半风化矿样 300g/份，用 3%硫酸铵浸取剂(w/V，质量体积比)，液固比 0.8：1，采用不同流速 0.2mL/min、0.4mL/min、0.6mL/min、0.8mL/min、1.0mL/min 条件下进行柱浸试验，收集滤液，分析稀土浸取率，稀土浓度，铝离子浓度，试验结果如图 2-13 所示。

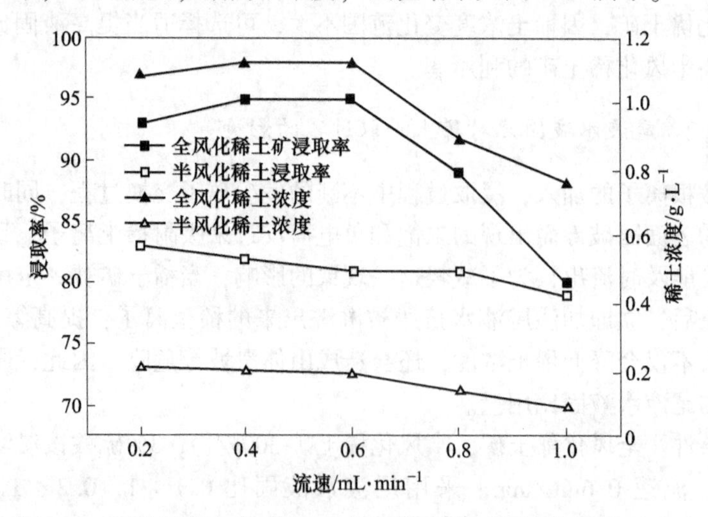

图 2-13　浸取剂流速对不同风化程度稀土浸取率及稀土浓度的影响

2.4.5.1 浸取剂流速对稀土矿浸取率的影响

由图 2-13 可知，随着浸取剂流速加快，全风化稀土浸取率与稀土浓度皆呈现高到低的趋势，当浸取剂流速>0.7mL/min，全风化矿浸取柱中容易出现浸取剂滞留积液现象，这是因为流速过快，超过该矿所允许的渗透能力范围，大量的浸取剂来不及在矿体中渗透扩散，积液在矿体上方形成一定的压力势，一方面容易使下部出现阻塞使交换出来稀土离子不能及时流出而造成再吸附，大大降低稀土浓度，另一方面容易造成沟流现象，使稀土浸取不完全。

半风化稀土矿由于粗粒级比例较高，渗透性能好，当流速为最快 1mL/min 时也未发生积堵现象，但过快的流速使得浸取剂与颗粒接触时间短，与稀土离子交换反应不充分，且仍有一定比例的稀土赋存粗粒级稀土矿中，导致浸取率与稀土浓度不高，因此对于半风化稀土矿可考虑采用低流速 0.4mL/min。

2.4.5.2 浸取剂流速对稀土矿铝离子浸取的影响

由图 2-14 可知，与浸取剂流速对稀土浸取率剂稀土浓度的影响不同，随浸取剂流速的增加，全风化与半风化稀土矿浸取液中铝离子浓度变化不大，是因为稀土与铝在浸取动力学上有很大差异，而流速属于稀土浸取内膜扩散动力学里的重要参数。而铝浸取属于化学控制动力学，浸取温度才是其主要控制参数。因此浸取剂流速对稀土矿铝离子浸取影响很小。

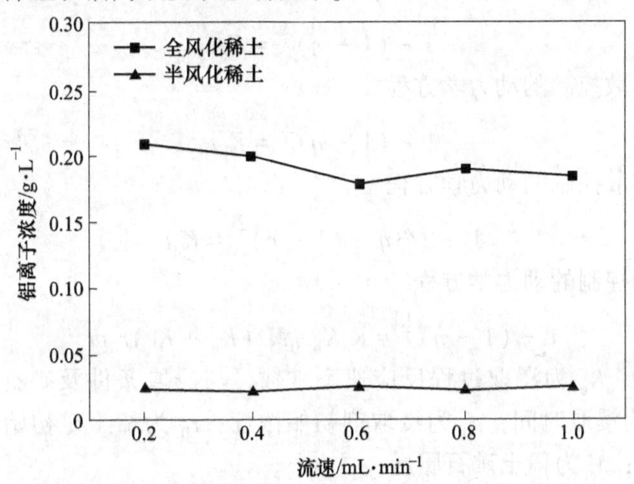

图 2-14 浸取剂流速对不同风化程度稀土铝离子浓度曲线

2.5 离子吸附型稀土矿浸出动力学

南方离子吸附型稀土矿浸取反应是一个典型的固-液非均相反应。离子吸附型稀土矿由颗粒状矿石组成，可以看作是一个球型粒子，其浸取过程可用“收缩未反应芯模型”描述。

浸取稀土的过程可描述为以下五步：

（1）浸取剂沿着扩散层向矿物颗粒表面扩散，透过黏土矿物表面的固液界面膜，达到其表面，称为外扩散。

（2）浸取剂离子从黏土矿物表面进一步扩散至黏土矿物内部，称为内扩散。

（3）扩散到黏土矿物内部的浸取剂阳离子与黏土矿物上吸附的稀土离子进行离子交换反应。

（4）离子交换在内部生成不溶性伴生物质，使固体膜加厚，被交换下来的稀土离子从黏土矿物内部的孔隙扩散到黏土矿物表面，也称为内扩散。

（5）扩散出来的稀土离子从黏土矿物表面向溶液中扩散，称为外扩散。

其中步骤（1）和（5）为外扩散也成液膜扩散，当矿物渗透性好，流速快的时候，利于液膜扩散速度。步骤（2）和（4）为内扩散也称固膜扩散，它们与浸取剂流速无关，步骤（3）为离子交换过程，为化学反应过程。

这连续反应的五个步骤构成了浸取的整个过程，而浸取动力学表观速率由这几个步骤中最慢速度控制，被称为控速步骤。根据最慢的那一步骤，可将浸取动力学分为内扩散控制和外扩散控制，而有多个控速步骤控制能力相近，则称为混合控制。以下为南方离子吸附型稀土矿浸取过程有可能存在的四个动力学控制模型。

（1）化学反应控制的动力学方程

$$1 - (1 - \eta)^{\frac{1}{3}} = K_a t \tag{2-1}$$

（2）外扩散控制的动力学方程

$$1 - (1 - \eta)^{\frac{1}{3}} = K_b t \tag{2-2}$$

（3）内扩散控制的动力学方程

$$1 - 2/3\eta - (1 - \eta)^{\frac{2}{3}} = K_c t \tag{2-3}$$

（4）混合控制的动力学方程

$$1 - (1 - \eta)^{\frac{1}{3}} = K_a K_b c_0 M/(K_a + K_b) r_0 p t \tag{2-4}$$

式中，K_a、K_b、K_c 为浸取过程反应速率常数，与浸取条件及矿石性质有关；η 为浸取率；t 为浸取时间；c_0 为浸取剂初始浓度；r_0 为稀土矿初始粒径；p 为稀土矿摩尔密度；M 为稀土矿石质量。

浸取动力学类型，可由浸取试验确定，将浸取过程数据代入公式 $1 - (1 - \eta)^{\frac{1}{3}}$ 与时间 t 做图，若图像为通过原点的一条直线，则动力学类型为化学控制或外扩散液膜控制，若将数据带入 $1 - 2\eta/3 - (1 - \eta)^{\frac{2}{3}}$ 与时间 t 作图，得到一条通过原点的直线，则为内扩散固膜控制，而将 $1 - (1 - \eta)^{\frac{1}{3}}$ 对时间 t 做图和 $1 - 2\eta/$

$3-(1-\eta)^{\frac{2}{3}}$ 对时间 t 做图都不成直线时，为混合控制动力学模型。

2.5.1 动态浸出动力学

取半风化矿 100g/份，以不同浓度硫酸铵作浸取剂，以浸取剂液固比 1 : 1，浸取剂流速 6mL/min 进行动态柱浸试验。每间隔 25min 收集一次浸取液，称量体积，计算其浸取率，试验结果如图 2-15 所示。

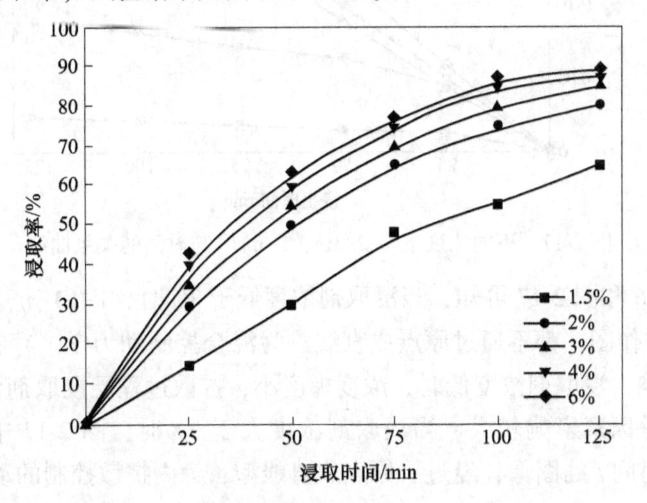

图 2-15 浸取剂硫酸铵浓度对浸取率的影响

由图 2-15 可知，随浸取剂浓度的提高，浓度梯度增加，扩散能力好，使稀土浸取速度加快，浸取率就越高。将图 2-15 浸取率数据代入不同的动力学方程作图，结果如图 2-16 和图 2-17 所示。

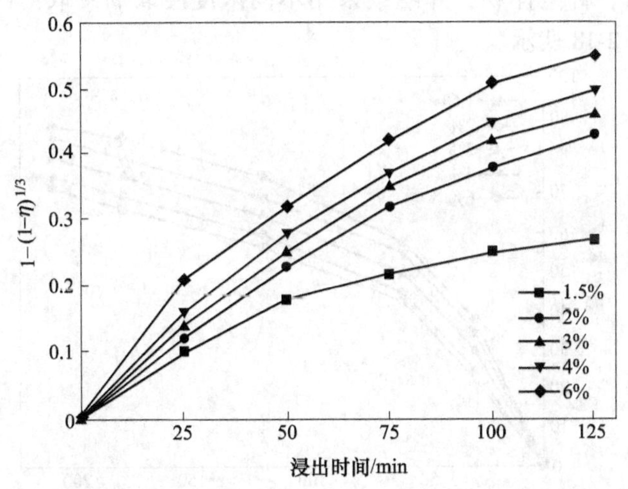

图 2-16 不同浓度下 $1-(1-\eta)^{1/3}$ 与时间的关系曲线

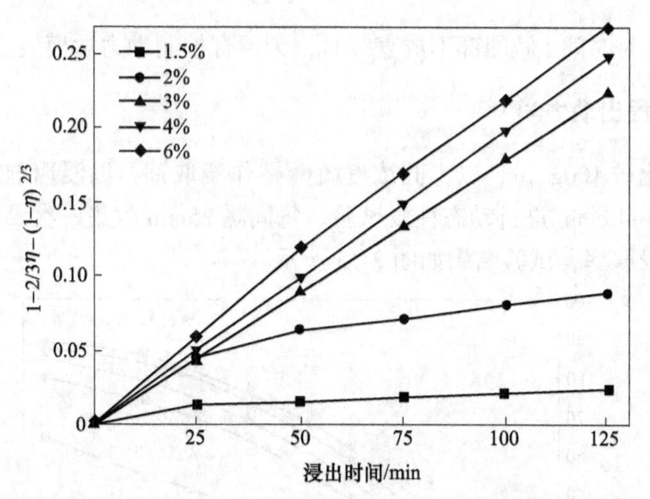

图 2-17　不同浓度下 $1-2/3\eta-(1-\eta)^{2/3}$ 与时间的关系曲线

由图 2-16 和图 2-17 可知，当浸取剂浓度低于 3%时，$1-(1-\eta)^{1/3}$，$1-2/3\eta-(1-\eta)^{2/3}$ 与 t 作图，都不通过原点成直线，为混合控制动力学。存在外扩散与内扩散两种影响，浸取剂浓度低时，浓度梯度小，扩散过程受浸取剂流速，颗粒大小，渗透性等因素影响较大。当浸取剂浓度大于 3%时，图 2-17 中的 $1-2/3\eta-(1-\eta)^{2/3}$ 与时间 t 的图像，经过了原点成直线型，为内扩散控制的动力学。

2.5.2　静态浸出动力学

取半风化矿 100g/份，以浸取剂液固比 1∶1，进行静态池浸试验。将矿物浸泡在装有相同浓度浸取剂的烧杯中，分别浸取 30min、60min、90min、120min、180min 后过滤，称量体积，并继续采用不同浓度浸取剂浸取，计算其浸取率。试验结果如图 2-18 所示。

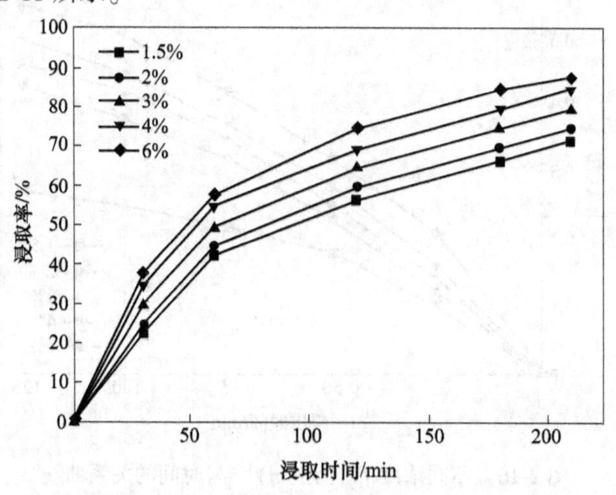

图 2-18　浸取剂硫酸铵浓度对浸取率的影响

如图 2-18 所示，随浸取剂浓度升高，半风化稀土矿浸取率升高，且平均浸取率接近柱浸试验的平均浸取率，为 83%左右。而根据多次试验结果对比可知，对于全风化稀土矿采用池浸工艺稀土浸取率很难达到淋浸的浸取率，要比淋浸工艺浸取率低 5%~10%。因此对于半风化稀土矿这样的低品位的贫化矿，可以采用类似于池浸注液方式的塘堰式注液的堆浸方法。将贫矿集中堆存，集中处理，减少药剂单耗，减少成本，堆浸工艺对贫化矿有良好的浸取效果。将图 2-18 的数据代入不同的动力学方程作图，如图 2-19 和图 2-20 所示。

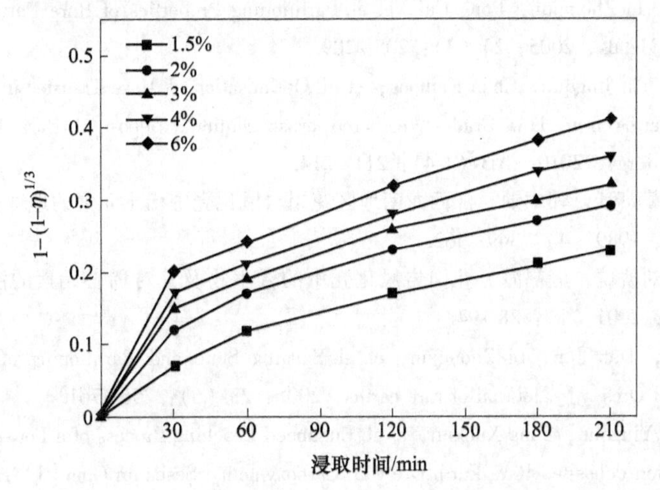

图 2-19 不同浓度下 $1-(1-\eta)^{1/3}$ 与时间的关系曲线

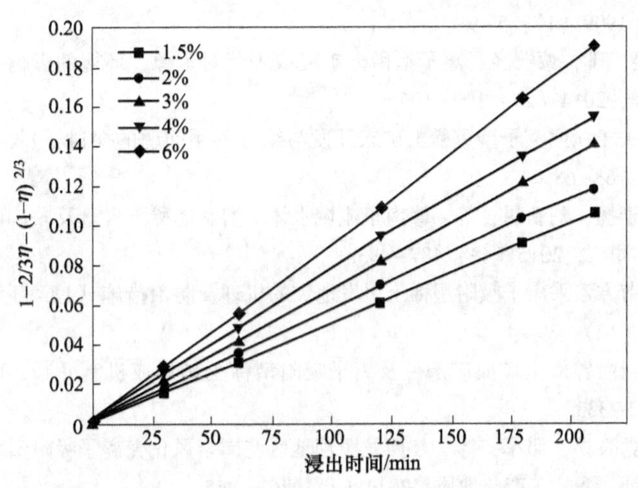

图 2-20 不同浓度下 $1-2/3\eta-(1-\eta)^{2/3}$ 与时间的关系曲线

由图 2-19 和图 2-20 可知，当浸取剂浓度大于 1.5%时，图 2-20 中的 $1-2/3\eta-$

$(1-\eta)^{2/3}$与时间 t 有很好的线性关系，皆为过原点的直线。而图 2-19 中 $1-(1-\eta)^{1/3}$与时间 t 不成线性关系。因此，半风化稀土矿池浸工艺中，当浸取剂浓度大于1.5%时，满足方程 $1-2/3\eta-(1-\eta)^{2/3}=kt$，为内扩散固膜控制动力学。

参考文献

[1] Ru' an Chi, Jun Tian. The Weathered Crust Elution-Deposited Rare Earth Ore [M]. NEW YORK: Nova Science Publishers, 2008: 20~156.

[2] Chi Ruan, Li Zhongjun, Peng Cui, et al. Partitioning Properties of Rare Earth Ores in China [J]. Rare Metals, 2005, 24 (3): 205~209.

[3] Tian Jun, Yin Jingqun, Chen Kaihong, et al. Optimisation of Mass Transfer in Column Elution of Rare Earths from Low Grade Weathered crust Elution - Deposited Rare Earth Ore [J]. Hydrometallurgy, 2010, 103 (1-4): 211~214.

[4] 吴澄宇，黄典豪，郭中勋．江西龙南地区花岗岩风化壳中稀土元素的地球化学研究 [J]. 地质学报，1989 (4): 349~362.

[5] 陈炳辉，刘琥琥，毋福海．花岗岩风化壳中的微生物及其对稀土元素的浸出作用 [J]. 地质论评，2001 (1): 88~94.

[6] Chi Ruan, Tian Jun, Li Zhongjun, et al. Existing State and Partitioning of Rare Earth on Wearthered Ores [J]. Journal of rare earths, 2005, 23 (6): 756~761.

[7] Tian Jun, Yingqun, Tang Xuekun, et al. Enhanced Leaching Process of a Low-grade Weathered Crust Elution-deposited Rare Earth Ore with Carboxymethyl Sesbanin Gum [J]. Hydrometallurgy, 2013, 139: 124~131.

[8] 杨学明，杨晓勇，张培善，等．江西大吉山花岗岩风化壳稀土矿床稀土元素地球化学 [J]. 稀土，1999 (1): 5~9.

[9] 邹国良，吴一丁，蔡嗣经．离子型稀土矿浸取工艺对资源、环境的影响 [J]. 有色金属科学与工程，2014 (2): 100~106.

[10] 贺伦燕．关于江西离子型重稀土矿床开发与综合利用问题的探讨 [J]. 矿产综合利用，1987 (3): 63~68.

[11] 何晗晗，于扬，刘新星，等．赣南小流域水体中溶解态稀土含量及 pH 和 Eh 值变化特征 [J]. 岩矿测试，2015 (4): 487~493.

[12] 黄文丹．南方盗采离子吸附型稀土引发地灾的机理及防治措施 [J]. 环境保护与循环经济，2014 (12): 39~40.

[13] 罗小亚．湖南省稀土矿成矿条件及离子吸附型稀土矿形成机制 [J]. 矿物学报，2011 (S1): 332~333.

[14] 梁发辉，党飞鹏，邓军，等．江西龙源坝地区花岗岩风化壳离子吸附型稀土矿成矿条件与分布特征 [J]. 矿产与地质，2014 (4): 461~465.

[15] 杨骏雄，刘丛强，赵志琦，等．不同气候带花岗岩风化过程中稀土元素的地球化学行为 [J]. 矿物学报，2016 (1): 125~137.

[16] 池汝安，田君，罗仙平，等．风化壳淋积型稀土矿的基础研究 [J]. 有色金属科学与工

程，2012（4）：1~13.

[17] 苑鸿庆，李社宏，程飞，等．离子吸附型稀土矿床风化壳地球化学与风化物粒度研究——以姑婆山养民冲稀土矿床为例［J］．桂林理工大学学报，2015（2）：243~250.

[18] 王炯辉．南方离子型稀土矿产地质勘查规范修订建议［J］．中国国土资源经济，2016（1）：12~19.

[19] 王登红，赵芝，于扬，等．离子吸附型稀土资源研究进展、存在问题及今后研究方向［J］．岩矿测试，2013（5）：796~802.

[20] 徐光宪．稀土［M］．北京：冶金工业出版社，1995.

[21] 伍东森．江西有色地勘局稀土矿产勘查回顾［J］．矿产与地质，2001（S1）：526~530.

[22] 章崇真．华南花岗岩的成因类型及其演化系列［J］．岩石矿物及测试，1983（1）：9~12.

[23] 池汝安，王淀佐．LZX 稀土矿中稀土元素配分特征及其应用［J］．稀有金属，1993（2）：94~99.

[24] 罗小亚．湖南省稀土矿成矿条件及离子吸附型稀土矿形成机制［C］．第五届全国成矿理论与找矿方法学术讨论会，昆明，2011：35~38.

[25] 田君，尹敬群．南方重稀土矿浸取动力学分析［J］．江西科学，1996（2）：81~86.

3 电渗析在离子吸附型稀土浸出液中的应用

3.1 引 言

电渗析技术是由"膜"现象的发现而发展起来的，它是膜分离技术的一种。对膜的初始研究可以追溯至两个世纪以前，1950 年外国学者 Juda 成功研制出了阴、阳离子交换膜，且具有高选择透过性。为电渗析技术的实际应用迈出了重要的一步。随后世界上第一台电渗析设备被美国 Ionics 公司于 1952 年制造出来，其可有效淡化苦咸水，从中制取工业用水和饮用水，接着电渗析器被商品化生产，技术被陆续输送至其他国家。从 19 世纪 50 年代末日本就注重电渗析技术的开发，主要研究方向为海水浓缩制盐，使其至今在该方面仍保持技术领先地位。70 年代初，电渗析技术用于天然水脱盐已经是一种相当完善的化工操作单元，在日本电渗析也被用于氯碱和烧碱工业，在美国，能稳定运行的频繁倒极电渗析设备和能连续去离子电渗析设备相继被研发和生产出来。80 年代末，电渗析操作过程引入电子计算机技术，电渗析工艺的自动化得以实现。此后，各国工作者对电渗析技术的研究主要集中于离子交换膜、电渗析器以及电渗析设备组装方式的研发和改进，重点研究膜的改性和研发具有抗氧化、抗酸碱、抗辐射、耐高温以及抗有机污染等特殊功能的离子交换膜，电渗析设备及组装则向大型化、高膜堆、节能化方向发展。

我国 1958 年才开始研究电渗析技术，但发展迅速。目前，电渗析技术应用范围已从工业脱盐、苦咸水淡化、海水淡化拓展至工业废水处理、食品、医药及化工等诸多领域，在实际工业生产中作用重大，具有不可动摇的地位。

3.1.1 工作原理

电渗析是指在外加直流电场作用下，利用离子交换膜的选择透过性，即阳离子交换膜只能透过阳离子，阴离子交换膜只能透过阴离子，使水中阴、阳离子作定向迁移，从而达到离子从溶液中分离的过程。电渗析基本工作原理示意图如图 3-1 所示。

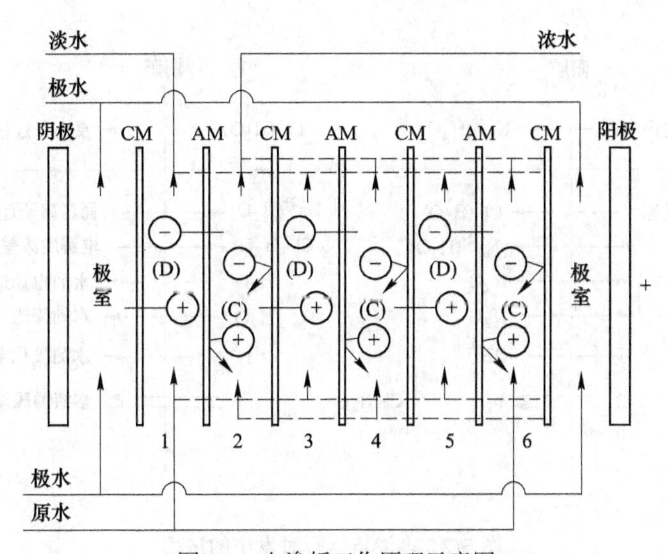

图 3-1 电渗析工作原理示意图

CM—阳膜；AM—阴膜；C—浓水隔板；D—淡水隔板

由图 3-1 可知，在电渗析内，阳离子交换膜和阴离子交换膜交替排列于阴极和阳极之间，且阳膜和阴膜被有水流通道的特制隔板隔开。当接通直流电源后，淡化室溶液中的离子开始电渗析过程，阳离子在电场的作用下不断透过阳膜向阴极方向迁移，阴离子在电场的作用下不断透过阴膜向阳极迁移，溶液逐渐被淡化；与此同时，浓缩室溶液中的阳离子在向阴极迁移时被带正电的阴膜挡住，阴离子在向阳极迁移时被带负电的阳膜挡住，由于淡化室离子的迁入浓缩室的溶液浓度逐渐增加。

3.1.2 电渗析传递过程

电渗析进行时有一系列过程同时发生，图 3-2 以 NaCl 溶液为例展示了电渗析过程中的传递过程。

(1) 反离子迁移。阳离子交换膜上固定基团带负电荷，使阳离子易于穿过，阴离子交换膜上固定基团带正电荷，使阴离子易于穿过。反离子迁移即指与离子交换膜上固定基团带的电荷相反的离子迁移现象。正是由于电渗析可使得离子向与浓度梯度相反的方向迁移，所以才能使物料被净化或浓缩。一般来说，要求反离子迁移数不低于 0.9。

(2) 同名离子迁移。当浓缩室溶液的浓度超过限度时，也会发生阳离子透过阴膜、阴离子透过阳膜的情况，这种与膜上所带固定基团电荷相同的离子透过膜的现象即为同名离子迁移，它会导致电渗析效率下降。

(3) 电解质浓差扩散。浓差扩散是指由于淡化室溶液和浓缩室溶液存在浓

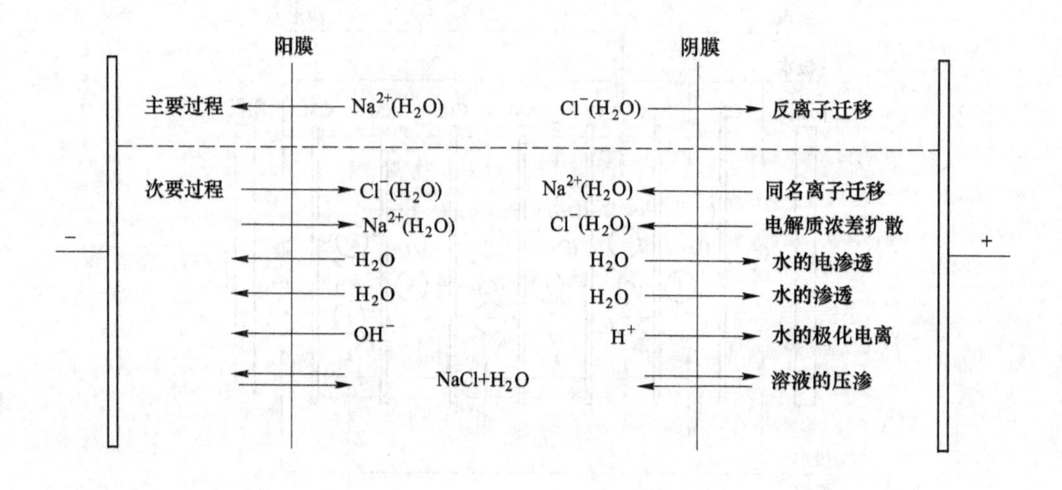

图 3-2 电渗析运行时发生的过程

度差，导致少量电解质由浓缩室向淡化室迁移扩散的现象，也称渗析。渗析速度随浓度差的增加而加快，也会导致电渗析效率降低。

（4）水的电渗透。电渗析离子迁移过程中，反离子和同名离子都是水合离子，另外离子迁移时也会夹带水分子，因而水分子伴随迁入浓缩室，此过程会降低浓缩液浓度。

（5）水的渗透。淡化室的水在渗透压的作用下向浓缩室渗透，随着浓度差增加水的渗透量增加，导致淡化室水流失进而引起浓缩室浓缩率下降。

（6）水的极化电离。电渗析过程中操作条件不良或者电解质溶液中离子不能及时到达膜表面时，水将被迫电离成 H^+ 和 OH^-，二者均会透过膜进入浓缩室，降低电渗析效率，增加电耗，同时还将扰乱浓、淡室溶液的 pH 值。

（7）溶液的压渗。由于浓缩室和淡化室存在流体压力差，溶液从由压力大的浓缩室向压力小的淡化室渗透，因而电渗析浓缩效果被削弱。

综上所述，由于离子交换膜性能、电解质溶液性质以及电渗析运行条件等因素，电渗析运行过程中存在一系列过程，除了反离子迁移为主要过程外，其他均为次要过程。次要过程对溶液的淡化和浓缩不利，会起到反作用，但是可以通过改变电渗析操作条件控制或避免，例如：保持浓、淡室浓度差不太大，可以减少同名离子迁移、电解质浓差扩散、水的渗透；使操作电流不超过极限电流运行，可以避免极化发生；保持浓、淡水流量相等，可以减少溶液的压差渗透。

3.1.3 电渗析极化现象

电渗析过程中的极化分为膜堆极化和极区极化。

电渗析在某操作电流下，若淡化室溶液中的离子开始不能及时的补充到膜界面，界面处的离子浓度接近零，此时即开始发生膜堆极化，此电流值即为淡化液在当前浓度时的极限电流值。膜堆极化发生后，水分子会被迫解离成 H^+ 和 OH^- 以传导电流，OH^- 透过阴膜迁移到浓缩液中，容易与其中的 Ca^{2+}、Mg^{2+} 等离子生成沉淀，沉积在阴膜表面。膜堆发生极化将会导致膜对电阻增大、脱盐率降低、耗电量增加、膜的使用寿命缩短等一系列问题。所以，电渗析器操作电流必须低于极限电流。

由于浓差极化、产生电阻以及过电位，导致电渗析器两端的极室发生极化，称为极区极化。在阴极室内，H^+ 得到电子后生成氢气，OH^- 浓度增加，易与溶液中的 Ca^{2+}、Mg^{2+} 产生沉淀，沉积在阴极上造成结垢。在阳极虽然没有结垢现象，但是阳极室内发生氧化反应，产生 H^+，酸性增强，阳极容易被腐蚀。为了减少极区极化应对阴极原水进行软化，或用酸调节 pH 值至 3 左右，也可将阳极水引入阴极室，另外，阳极应选择耐酸腐蚀的材料。

3.1.4 电渗析技术应用现状

随着对电渗析技术的研究不断深入和电渗析装置的不断改进完善，其使用效果愈加出色，应用领域和范围也不断拓展。作为一种新兴的膜分离技术，电渗析在天然水脱盐、海水浓缩制盐、高纯水制备、废水处理等方面已发展得比较成熟，近些年已广泛应用于食品、医药、化工、生化等行业，还可用于贵重金属的回收。

（1）在工业废水处理方面的应用。电渗析是工业废水、废液处理的一种重要方法，废水被处理后不仅得到的淡水可排放或回用，有时还能从中回收有用物质，如贵重金属。下面仅举几例说明：

杨骥等研究了电渗析从造纸黑液中回收氢氧化钠，结果显示：电压恒定时，曝气效果比不曝气好，疏水氟膜对碱的回收效果比阳膜好；电流恒定时，曝气时的电渗析效果不如不曝气；电极间距和操作电流较小时能耗较低，碱的回收率也较高，有利于电渗析过程进行。肖亚娟等使用电渗析技术处理印刷线路板（PCB）废水，研究表明电渗析能有效实现 PCB 废水的预处理，且能富集分离溶液中的铜离子，有助于铜的回收利用。该技术具有操作方便、成本低、不产生二次污染等优点。此外电渗析还可用于从电镀废液中回收镍、铜、锌以及从蓄电池厂废水中回收铅等。

工业生产中很多场合会产生氨氮废水，而氨氮、磷等是地表水的主要污染物。传统的氨氮废水处理方法基本都不能很好的解决问题，唐艳等用电渗析处理了某氮肥厂的氨氮出水，氨氮废水浓度为 534.59mg/L，处理后浓、淡水的氨氮浓度分别为 2700mg/L 和 14mg/L，可达排放标准，且可满足回用要求。此外用电渗析处理稀土氨氮废水，从中回收氯化铵的研究也较多，不仅可以使大部分水资源得以回用，也可回收废水中的绝大部分氯化铵，实现显著的环境、经济双重效益。

（2）在食品和生化行业中的应用。电渗析技术在食品和生化行业中主要用于提高有用成分纯度，除去杂质。

在食品行业的应用：在木糖液生产中，对木糖液进行精密过滤和超滤后，用电渗析器对其进行脱盐处理，结果表明处理后的木糖液脱盐率达 85.2%，电导率降至 2700μS/cm；在菊糖生产中，电渗析作为预处理操作，可以有效的脱除粗菊糖中的盐和蛋白，极大减轻后续纯化操作的压力；在竹笋生产过程中，竹笋原液用电渗析处理可有效脱盐，还能有效地脱除对人体有害的重金属离子，且对其功能成分影响较小。

在生化行业中：主要用于分离、纯化、回收各种有机酸，电渗析的优势在发酵法生产氨基酸、乳酸时，包括各种氨基酸、乳酸时尤为明显。研究表明，在合理的操作条件下，利用电渗析分离调制发酵液中的氨基酸，脱盐处理后发酵液的脱盐率高于 85%，氨基酸的回收率也超过 85%，同时大部分乳酸和少量的葡萄糖也会被去除，分离效果较好。

（3）电渗析在贵重金属回收方面的应用。电渗析技术可用于处理硫代硫酸盐浸金矿所得浸液，对贵金属金、银分离浓缩效果良好，且对浓度有较宽的适应性。此外，有研究表明：电渗析处理含金贵液时不受氰根离子浓度和 pH 值的影响，因此经金泥氰化法或氰化氧化法处理所得含金贵液可直接进行电渗析，不必对其进行预处理，同时，还能综合回收铜，淡化液中金和氰化物浓度均较低，氰化物浓度达排放标准。

3.2　材料与方法

3.2.1　实验材料

试验中所用的离子吸附型稀土浸出液取自江西赣州某离子吸附型稀土矿山，为原地浸出后用碳酸氢铵沉淀除杂的稀土浸出液。为保持浸出液的均匀性，充分混匀后装入取样桶进行密封保存。

将稀土浸出液采用等离子体质谱（ICP—MS）测定其稀土配分，结果见表 3-1。由表 3-1 可知，该稀土浸出液所含稀土中轻稀土 La_2O_3、CeO_2、Pr_6O_{11}、Nd_2O_3 占 67.69%，中稀土 Sm_2O_3、Eu_2O_3、Gd_2O_3、Tb_4O_7、Dy_2O_3 占 13.72%，重稀土 Y_2O_3、Ho_2O_3、Er_2O_3、Tm_2O_3、Yb_2O_3、Lu_2O_3 约占 18.89%。

表 3-1 稀土浸出液稀土配分测定结果

元素	Y_2O_3	La_2O_3	CeO_2	Pr_6O_{11}	Nd_2O_3	Sm_2O_3	Eu_2O_3	Gd_2O_3
含量/%	15.61	23.88	10.80	6.80	26.21	4.91	1.07	4.07
元素	Tb_4O_7	Dy_2O_3	Ho_2O_3	Er_2O_3	Tm_2O_3	Yb_2O_3	Lu_2O_3	
含量/%	0.60	3.07	0.58	1.27	<0.30	0.83	<0.30	

稀土浸出液中的杂质离子采用ICP（原子发射光谱法）进行检测，结果如表3-2所示。

表 3-2 稀土浸出液中某些杂质元素的含量

元素	Al	Ca	Fe	Mg	Mn	Zn
含量/$mg \cdot L^{-1}$	<0.50	357.00	2.89	202.9	4.14	3.32

除上述各性质进行测试外，还检测了该稀土浸出液的一些其他理化性质，如：浊度、游离氯、COD、氨氮、pH值等，结果如表3-3所示。

表 3-3 稀土浸出液的其他理化性质

指标	浊度	游离氯	COD	氨氮	pH值
含量/$mg \cdot L^{-1}$	0~3	10.29	<3	305.15	6.05

3.2.2 实验设备

实验用电渗析小试设备型号为ST—ED，其基本配置如下：异相离子交换膜1套、半均相离子交换膜1套、均相离子交换膜1套（每套为11张，其中阳离子交换膜6张，阴离子交换膜5张），尺寸均为10cm×22cm，有效膜面积为190cm^2，它们的具体性能指标见表3-4~表3-6。

表 3-4 异相膜性能指标

指标名称	异相阳离子交换膜	异相阴离子交换膜
含水量/%	≤50	≤40
交换容量（干）/$mol \cdot kg^{-1}$	≥2.0	≥1.8
膜面电阻/$\Omega \cdot cm^2$	≤14	≤18
干态厚度/mm	0.48±0.03	0.48±0.03
尺寸变化率/%	≤5	≤5
爆破强度/MPa	≥0.6	≥0.6

续表 3-4

指标名称	异相阳离子交换膜	异相阴离子交换膜
化学稳定性（pH 值）	1~13	1~13
选择透过率/%	≥92	≥94
水透过率/mL·(h·cm^2·MPa)$^{-1}$	≤0.1	≤0.1
盐扩散系数（mmol NaCl)/cm^2·min^{-1}	≤0.008×10^{-2}	≤0.006×10^{-2}
热稳定性/℃	≤40	≤40

表 3-5　半均相膜性能指标

指标名称	半均相阳离子交换膜	半均相阴离子交换膜
含水量/%	≤25	≤23
交换容量（干）/mol·kg^{-1}	≥2.0	≥1.8
膜面电阻/Ω·cm^2	≤5~8	≤6~8
干态厚度/mm	0.3±0.03	0.3±0.03
尺寸变化率/%	≤4.5	≤4.5
爆破强度/MPa	≥0.6	≥0.6
化学稳定性（pH 值）	1~13	1~13
选择透过率/%	≥97	≥98
水透过率/mL·(h·cm^2·MPa)$^{-1}$	≤0.1	≤0.1
盐扩散系数（mmol NaCl)/cm^2·min^{-1}	≤0.008×10^{-2}	≤0.006×10^{-2}
热稳定性/℃	≤40	≤40

表 3-6　均相膜性能指标

指标名称	均相阳离子交换膜	均相阴离子交换膜
膜面电阻/Ω·cm^2	≤6.1~8	≤3.5~5
干态厚度/mm	0.16	0.16
爆破强度/MPa	≥4.7	≥5.0
化学稳定性（pH 值）	3~12	2~10
选择透过率/%	≥98	≥98
水透过率/mL·(h·cm^2·MPa)$^{-1}$	≤3.5	≤3

3.2.3 实验方法

（1）EDTA 滴定法测定稀土总量。试验过程中要不断分析稀土浸出液的稀土浓度，使用稀土金属及其化合物化学分析方法稀土总量的测定（GB/T 14635—2008）中的方法进行测定。

1）滴定原理。采用磺基水杨酸掩蔽铁等杂质离子，在 pH 值为 5.5 时，使用二甲酚橙作为指示剂，用 EDTA 标准液滴定稀土含量。

2）滴定操作步骤。滴定时，每次用移液管移取 10mL 浸出液于 250mL 锥形瓶中（若稀土浓度较高则先加入适量蒸馏水稀释），加 50mL 水，0.2g 抗坏血酸，2mL 磺基水杨酸，1 滴甲基橙，用氨水和盐酸调节溶液刚变为黄色，加六次甲基四胺缓冲溶液 5mL，乙酰丙酮 5mL，二甲酚橙 2 滴，用 EDTA 标准液滴定至稀土溶液由红色刚变为黄色即为终点。

（2）电渗析回收稀土探索试验。为研究电渗析工艺是否能有效地回收浸出液中的稀土，需进行离子吸附型稀土浸出液电渗析探索试验。试验前先对离子交换膜进行彻底的转型：将膜充分浸泡在稀土浸出液中，浸出液稀土浓度降至较低后需换入新的浸出液，直至浸出液稀土浓度保持恒定。转型完成后安装好电渗析器，浓、淡水箱通入稀土浸出液，以浓度为 3%的硫酸钠溶液作为极水，在电压为 2V 条件下，通水、通电 2~4h。浓、淡水箱换入新的稀土浸出液，在电压 10V，极水、淡水、浓水三路水流量均为 25L/h 条件下进行循环浓缩试验，对得到的浓缩液和淡化液取样进行 EDTA 滴定，计算稀土浓度，判断电渗析工艺对该稀土浸出液的浓缩效果。

（3）电渗析离子交换膜选择。根据离子吸附型稀土浸出液的性质，与电渗析装配厂家沟通协商后选取提供了三种离子交换膜，其中异相、半均相、均相离子交换膜各一套，首先，将三套离子交换膜转型，各套离子交换膜装入电渗析本体后，进行在不同工作电流条件下单程浓缩稀土浸出液试验，比较各种膜在相同试验条件下的稀土浓缩比和耗电量；并进行恒压循环浓缩稀土浸出液试验，得到了各种膜在不同循环浓缩时长的工作电流大小和稀土浓缩比。从而根据试验结果选出最适合试验所处理的稀土浸出液的离子交换膜。

（4）电渗析极限电流测定。在电渗析过程中工作电流是一项重要条件参数，当工作电流超过极限电流时，将发生极化现象，引起大量水分子分解，因此需要测定极限电流，采用电压-电流法。

对上阶段选定的离子交换膜，选取多个物料稀土浓度值和物料流量值进行测定，各次保持浓、淡相进料浸出液稀土浓度恒定且相等，浓、淡、极三路水流量不变，待浸出液浓度和温度恒定，流量稳定后，开始通电，逐次提高电压，待电流温度后快速记录各个点电压和电流值。利用记录下的电压和电流值数据在直角坐标上作 V-A 曲线，如图 3-3 所示。作曲线的切线 OA 和 PB，两线相交于 C 点，过 C 点作垂直横坐标轴的直线，与曲线交于 C_0点，该点的横坐标值即为极限电流值 $I_{\lim}$，纵坐标值为极限电压值 $V_{\lim}$。

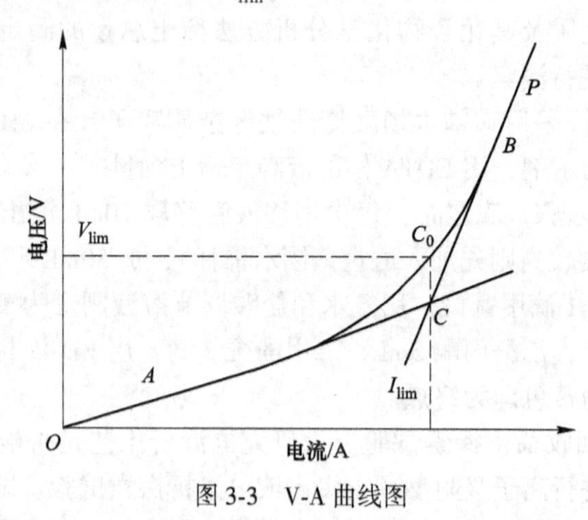

图 3-3　V-A 曲线图

（5）离子吸附型稀土浸出液电渗析试验。离子吸附型稀土浸出液电渗析浓缩回收稀土试验均使用之前通过离子交换膜选择试验确定的最适合浓缩稀土浸出液的膜。首先，通过不同的试验条件确定电渗析单程浓缩稀土浸出液过程中最佳的工作电流、物料流量、物料浓度比；然后进行多级连续式浓缩流程试验和循环式浓缩流程试验，从而获得适合离子吸附型稀土浸出液的电渗析浓缩流程；最后，进行电渗析循环浓缩稀土浸出液全流程试验，来确认使用电渗析工艺对离子吸附型稀土浸出液浓缩回收的最佳效果。

（6）稀土浸出液原子发射光谱（ICP）检测。将原始稀土浸出液和电渗析循环浓缩回收稀土全流程试验得到的浓缩液取样，用 ICP 对其中的 Al、Ca、Fe、Mg、Mn 等元素的含量进行检测。

（7）稀土浸出液电渗析浓缩液和淡化液其他理化性质测定。测定了稀土浸出液循环电渗析全流程试验浓缩液和淡化液的浊度、氨氮、pH 值等理化指标。

3.2.4　测试方法

在试验电渗析处理过程中物料浓度的分析处理和计算都仅考虑稀土浸出液中稀土的浓度。

（1）浓缩量。

浓缩量是指物料由电渗析器处理后被浓缩盐的绝对量的大小，其定义为：

浓缩量=浓水出口物料浓度-浓水进口物料浓度

$$\Delta c_{\mathrm{n}} = c_{\mathrm{no}} - c_{\mathrm{ni}} \tag{3-1}$$

式中 Δc_n——浓缩量，g/L；

c_{no}——浓水出口物料浓度，g/L；

c_{ni}——浓水进口物料浓度，g/L。

（2）脱除量。

脱除量是指物料由电渗析器处理后被脱除盐的绝对量的大小，其定义为：

脱除量=淡水进口物料浓度-淡水出口物料浓度

$$\Delta c_d = c_{di} - c_{do} \tag{3-2}$$

式中 Δc_d——脱除量，g/L；

c_{di}——淡水进口物料浓度，g/L；

c_{do}——淡水出口物料浓度，g/L。

（3）浓缩比。浓缩比是指通过电渗析器处理后，浓缩的盐量与原物料含盐量比值，它是电渗析器的重要性能指标，其定义为：

$$浓缩比=\frac{浓水出口物料浓度}{浓水进口物料浓度}$$

$$\delta = \frac{c_{no}}{c_{ni}} \tag{3-3}$$

式中 δ——浓缩比；

c_{no}——浓水出口物料浓度，g/L；

c_{ni}——浓水进口物料浓度，g/L。

（4）脱除率。脱除率是指经过电渗析器处理后，物理被去除的盐量占物料原始含盐量的百分数，其定义为：

$$脱除率=\frac{淡水进口物料浓度-淡水出口物料浓度}{淡水进口物料浓度}\times 100\%$$

$$\varepsilon = \frac{c_{di} - c_{do}}{c_{di}} \times 100\% \tag{3-4}$$

式中 ε——脱除率，%；

c_{di}——淡水进口物料浓度，g/L；

c_{do}——淡水出口物料浓度，g/L。

（5）耗电量。电渗析耗电量包括电渗析器自身所消耗的电量以及克服物料溶液经过电渗析器时压力损失的动力耗电量，是衡量电渗析器效果的又一重要经济指标。在本试验中所说的耗电量均代表电渗析器本体直流电耗耗电量，通过直流稳压稳流电源上显示的电流值、电压值计算，其表达式为：

$$W = \frac{U \times I}{Q} \tag{3-5}$$

式中 W——电渗析本体耗电量，$kW \cdot h/m^3$；

U——电渗析器工作电压，V；

I——电渗析器工作电流，A；

Q——淡水流量，m^3/h。

3.3　稀土浸出液电渗析探索实验

由于本实验的目的为浓缩回收离子吸附型稀土浸出液中的稀土，而用电渗析工艺处理离子吸附型稀土浸出液目前未见有文献报道，因此，首先对电渗析器是否能有效的浓缩回收离子吸附型稀土进行了研究。

随机选取三组膜中的异相离子交换膜进行实验，离子交换膜先用稀土浸出液转型后安装好电渗析器。极水水箱中加入3%的 Na_2SO_4 溶液500mL，极水在电渗析运行过程中始终循环运行，待极水中电极产物浓度过大时更换极水（文中后续试验极水状况同上）。浓、淡水箱加入稀土浸出液500mL，稀土浓度为0.207g/L，电渗析器极水、淡水、浓水三路水流量均为25L/h，稳流运行后，调节直流稳压稳流电源至稳压模式，打开直流稳压稳流电源在10V定电压条件下进行电渗析循环浓缩离子吸附型稀土浸出液实验，实验过程中每5min从浓、淡水水箱取浓缩液和淡化液测稀土总量。实验示意图如图3-4所示，试验结果如图3-5所示。

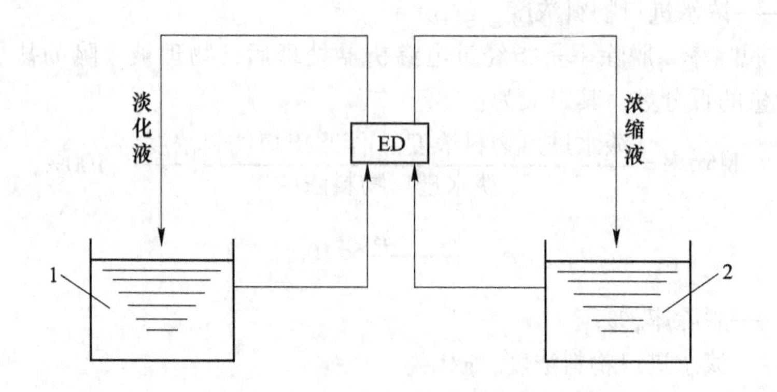

图3-4　电渗析（ED）循环式浓缩流程
1—淡水箱；2—浓水箱

由图3-5可知，电渗析循环过程中随着循环时间增长，淡化室的稀土离子可持续迁移至浓缩室中，从而淡化液中稀土浓度降低，浓缩液稀土浓度上升，到15min时淡化液中稀土浓度已经很低，稀土离子基本迁移至浓缩液中。因此，实验证明用电渗析技术可以浓缩回收离子吸附型稀土浸出液中的稀土离子。

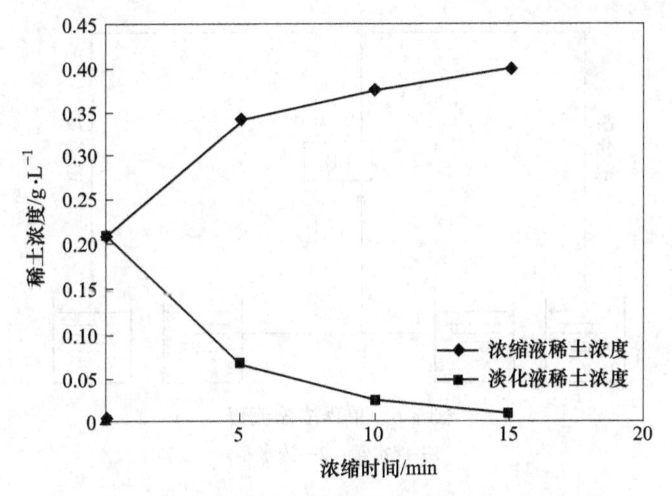

图 3-5 离子吸附型稀土浸出液电渗析探索实验结果

3.4 离子交换膜筛选实验

为得出电渗析浓缩稀土浸出液回收稀土效果最好的离子交换膜，分别用三种离子交换膜对稀土浸出液进行电渗析单程和循环流程实验。离子交换膜对离子吸附型稀土浸出液的浓缩能力是其对该种溶液适宜性的最关键衡量指标，电渗析器浓缩稀土浸出液过程中的耗电量则是影响实际生产中经济效益的一项重要指标。因此该实验主要由电渗析器运行过程中离子交换膜对稀土的浓缩效果和耗电量来决定对离子吸附型稀土浸出液浓缩的最佳离子交换膜。为了得到最准确的结果，分别进行了电渗析单程浓缩以及循环浓缩实验，进行对比分析。

3.4.1 单程实验

浓、淡水箱中均加入稀土浸出液，稀土浓度为 0.207g/L。电渗析器极水、淡水、浓水三路水流量均为 20L/h，分别在 0.2A、0.5A、1.0A、1.5A、2A 定电流条件下进行电渗析单程浓缩离子吸附型稀土浸出液实验，记录电压值，实验所得浓缩液和淡化液取样测稀土总量。电渗析单程浓缩流程图如图 3-6 所示，实验结果如图 3-7 和图 3-8 所示。

由图 3-7 和图 3-8 可知，首先，三种离子交换膜对离子吸附型稀土浸出液均有一定的浓缩能力，且每种膜对稀土浸出液的浓缩能力都先随着电渗析器工作电流的增加而快速增强，当工作电流超过 1.5A 之后增速变缓，直至基本保持不变。这是因为工作电流提高后，电渗析器工作电压上升较快，即离子迁移的推动力不断增加，溶液中稀土离子迁移速率增加较快，因此稀土单程浓缩率增加较快，耗电量也增加。

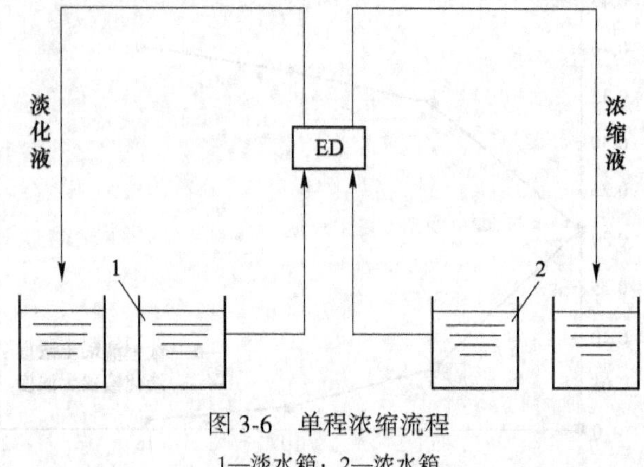

图 3-6 单程浓缩流程
1—淡水箱；2—浓水箱

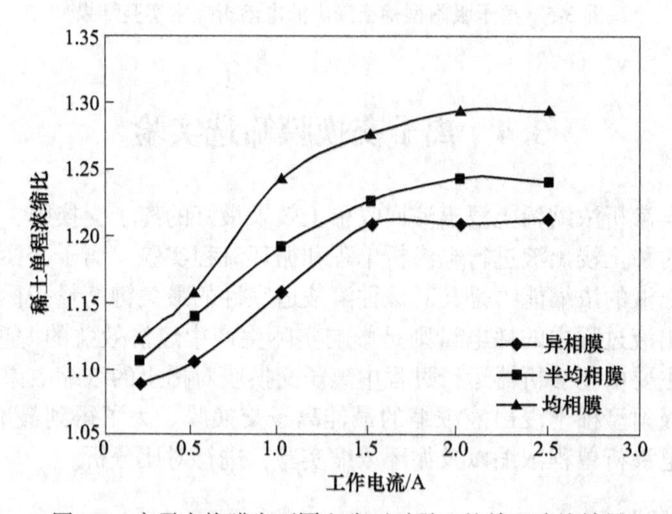

图 3-7 离子交换膜在不同电流下对稀土的单程浓缩效果

其次，三种离子交换膜在相同工作电流条件下对稀土浸出液的单程浓缩效果有明显差异，其中在各个工作电流条件下浓缩效果最佳的为均相离子交换膜，且耗电量也最小，其对稀土浸出液中稀土的单程浓缩比可达 1. 29，即使稀土浓度为 0. 207g/L 的稀土浸出液浓缩为稀土浓度为 0. 267g/L 的稀土溶液。半均相离子交换膜浓缩效果次之，最后是异相离子交换膜。

3. 4. 2 循环实验

浓、淡水箱中均加入稀土浸出液 1L，稀土浓度为 0. 207g/L。电渗析器极水、淡水、浓水三路水流量均为 20L/h，稳流运行后，调节直流稳压稳流电源至稳压模式，打开直流稳压稳流电源在 10V 恒压条件下进行电渗析循环浓缩离子吸附型

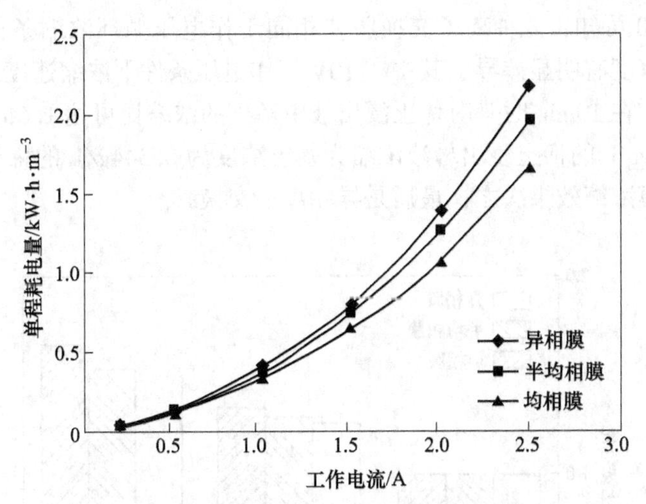

图 3-8 不同离子交换膜电渗析器单程耗电量

稀土浸出液实验，每隔 5min 取浓缩液和淡化液试样测稀土总量，并记录电流值。电渗析循环浓缩流程如图 3-4 所示，实验结果如图 3-9 和图 3-10 所示。

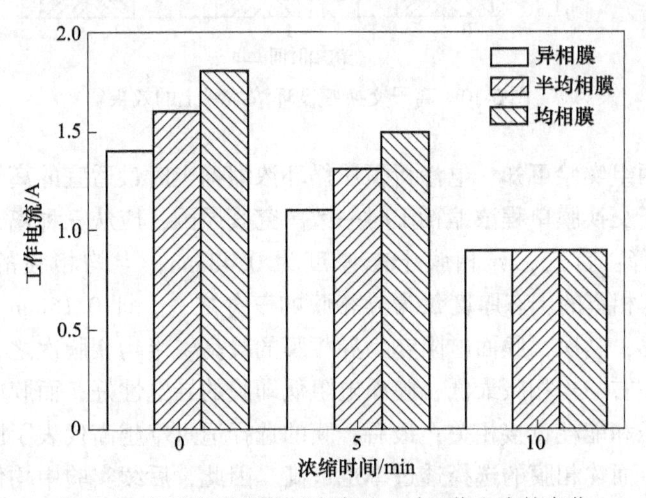

图 3-9 离子交换膜循环浓缩稀土时工作电流的变化

由图 3-9 的实验结果可以看出，实验过程中，在恒压 10V 条件下，使用均相离子交换膜时电渗析工作电流最大，因此离子的迁移速率也最快，浓、淡水箱中相对应的稀土浓缩液和淡化液的浓度差增大也更快，随着浓度差增大，离子迁移阻力也相应增大，工作电流逐渐变小，到 10min 时分别使用三种离子交换膜的电渗析器的工作电流都由起始时的不同工作电流值降至 0.9A，而降幅和降速最大的均为使用均相膜时。

由图 3-10 可知，三种离子交换膜在相同工作电压循环浓缩条件下对稀土浸出液的浓缩速度有明显差异，其中在 10V 工作电压条件下浓缩速度最快的为均相离子交换膜，在 10min 时其对稀土浸出液中稀土的浓缩比可达 1.66，即可将稀土浓度为 0.207g/L 的稀土浸出母液浓缩为稀土浓度为 0.344g/L 的稀土溶液。半均相离子交换膜浓缩效果次之，最后是异相离子交换膜。

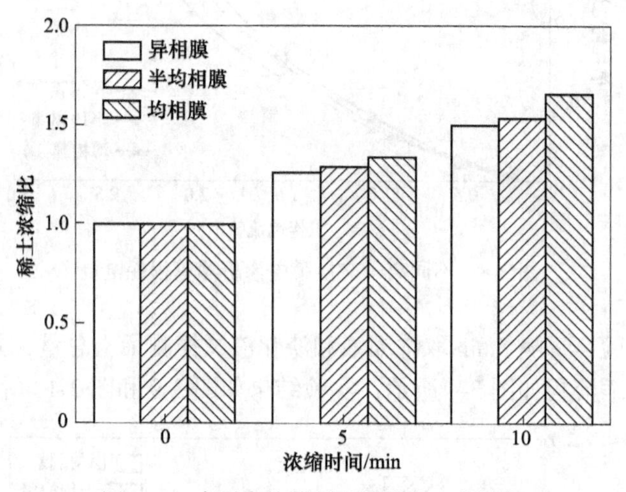

图 3-10　离子交换膜循环浓缩稀土的效果

由上述两组实验可知，电渗析恒压循环浓缩稀土时最适宜的离子交换膜的排序与各种离子交换膜单程浓缩稀土时一致。究其原因，应从三种离子交换膜的性能来分析解释：首先，异相膜干态厚度为 0.48mm，半均相膜的干态厚度为 0.3mm，而均相膜的干态厚度仅为异相膜的三分之一，即 0.16mm，厚度小更有利于离子迁移；其次，膜面电阻亦为异相膜的最高，半均相膜次之，仅为异相膜的二分之一左右，均相膜最低，膜面电阻低即膜的导电性好，而膜电导与电渗析操作的槽电压和能耗直接相关；最后，膜的选择透过率越高代表了膜对离子的选择透过性高，而均相膜的选择透过率也最高。因此，后续实验中均使用均相离子交换膜进行研究。

3.5　极限电流实验

在电渗析运行过程中，在发生极化现象时，相应的操作电流达到了极限值，该值称为极限电流。极限电流是电渗析运行过程的一项重要技术参数，若工作电流超过极限电流，则会发生极化，不利于浓缩进行，并且会降低电渗析器的寿命。极限电流主要影响因素为料液的含盐量、流量及设备状况等。

实验采用电压-电流法，单组实验中浓、淡进料稀土浓度相等，浓、淡液流量相同，待设备进水水质和流量稳定后，工作电压由低到高每次均匀升高0.1~0.2V每膜对，直至每对2V，记录该条件下的电流值。选取多组进料稀土浓度值及浓、淡液流量进行测定，实验结果如表3-7所示。

表3-7 极限电流实验结果

$c/g \cdot L^{-1}$	$Q/L \cdot h^{-1}$	U/V	1	2	3	4	5	6	7	8	9	10	11	12
0.008	20	I/A	0	0	0	0	0	0.1	0.1	0.1	0.1	0.1	0.1	0.1
0.016	20	I/A	0	0	0	0.1	0.1	0.2	0.2	0.2	0.2	0.2	0.2	0.2
0.029	20	I/A	0	0	0.1	0.2	0.2	0.3	0.3	0.4	0.4	0.4	0.4	0.4
0.09	15	I/A	0	0	0.1	0.2	0.5	0.7	0.9	1.1	1.2	1.3	1.4	1.5
	20	I/A	0	0	0.1	0.3	0.6	0.8	1.0	1.1	1.3	1.4	1.5	1.6
	25	I/A	0	0	0.1	0.3	0.6	0.8	1.0	1.1	1.3	1.4	1.5	1.7
	30	I/A	0	0	0.1	0.4	0.7	0.9	1.1	1.2	1.3	1.4	1.5	1.7
0.13	15	I/A	0	0	0.2	0.4	0.7	0.9	1.1	1.3	1.4	1.6	1.8	2.0
	20	I/A	0	0	0.2	0.4	0.7	1.0	1.2	1.4	1.5	1.7	1.9	2.1
	25	I/A	0	0	0.2	0.5	0.8	1.0	1.2	1.4	1.6	1.7	1.9	2.1
	30	I/A	0	0	0.2	0.5	0.8	1.1	1.3	1.5	1.7	1.8	2.0	2.2
0.17	15	I/A	0	0	0.2	0.6	0.9	1.2	1.4	1.6	1.8	1.9	2.0	2.2
	20	I/A	0	0	0.2	0.6	0.9	1.3	1.5	1.7	1.9	2.0	2.1	2.2
	25	I/A	0	0	0.2	0.7	1.0	1.3	1.5	1.7	1.9	2.1	2.2	2.3
	30	I/A	0	0	0.3	0.8	1.1	1.4	1.6	1.8	2.0	2.2	2.3	2.4
0.26	15	I/A	0	0	0.3	0.8	1.2	1.6	1.8	2.0	2.2	2.4	2.5	2.6
	20	I/A	0	0	0.3	0.8	1.2	1.7	1.9	2.1	2.3	2.5	2.6	2.7
	25	I/A	0	0	0.3	0.9	1.3	1.7	1.9	2.2	2.5	2.6	2.7	2.8
	30	I/A	0	0	0.3	0.9	1.4	1.8	2.0	2.2	2.5	2.7	2.8	2.9
0.43	15	I/A	0	0.1	0.4	1.0	1.5	1.9	2.3	2.6	2.9	3.1	3.3	3.5
	20	I/A	0	0.1	0.4	1.0	1.5	2.0	2.3	2.6	2.9	3.1	3.3	3.6
	25	I/A	0	0.1	0.5	1.0	1.5	2.0	2.4	2.7	3.0	3.2	3.4	3.6
	30	I/A	0	0.1	0.5	1.0	1.6	2.1	2.4	2.8	3.1	3.3	3.5	3.7
0.65	15	I/A	0	0.2	0.7	1.1	1.6	2.1	2.5	2.9	3.3	3.6	3.8	4.0
	20	I/A	0	0.2	0.7	1.1	1.6	2.2	2.5	2.9	3.3	3.6	3.8	4.1
	25	I/A	0	0.2	0.7	1.2	1.7	2.2	2.6	3.0	3.3	3.6	3.8	4.1
	30	I/A	0	0.2	0.7	1.2	1.8	2.3	2.7	3.0	3.3	3.7	4.0	4.2

注：c为浓、淡进水稀土浓度；Q为浓、淡水流量。

根据表 3-7 中的电压、电流数据，在直角坐标中作 V-A 曲线，得到各组实验条件下的极限电流值见表 3-8。

表 3-8 不同淡水进水浓度及淡水流速下的极限电流

c_d/g·L^{-1}	Q_d/L·h^{-1}	I_{lim}/A
0.008	20	0.05
0.016	20	0.15
0.029	20	0.33
0.09	15	0.95
0.09	20	0.97
0.09	25	0.99
0.09	30	1.02
0.13	15	1.09
0.13	20	1.11
0.13	25	1.14
0.13	30	1.17
0.17	15	1.29
0.17	20	1.32
0.17	25	1.35
0.17	30	1.39
0.26	15	1.70
0.26	20	1.79
0.26	25	1.93
0.26	30	1.20
0.43	15	2.60
0.43	20	2.75
0.43	25	2.87
0.43	30	2.98
0.65	15	3.15
0.65	20	3.31
0.65	25	3.42
0.65	30	3.55

由表 3-8 可知，淡液进料浸出液稀土浓度增加，极限电流增大，这是因为淡化室稀土浓度增加时，浓差扩散推动力增大，电渗析过程中传递电荷的能力增加，导致相应极限电流增大。另外，物料流量增加，极限电流也会增大，是由于当流量增加后隔室中的水流线速度加速，离子交换膜表面的滞留层变薄，离子的迁移阻力变小，电荷的传递能力也增加。

3.6 电渗析工艺条件实验

3.6.1 工作电流实验

工作电流对电渗析器的性能有着直接影响，工作电流的大小将直接影响溶液中离子的迁移速率。提高工作电流有利于离子的定向迁移，但工作电流范围是有限制的，不能超过极限电流密度对应的极限电流值。每一台特定的电渗析器及其特定的处理物料，都相应存在一个合理的工作电流范围。因此选择合理的工作电流对电渗析器的正常运行显得尤为重要。

在浓、淡水箱中均加入稀土浸出液，稀土浓度为 0.207g/L，电渗析器极水、淡水、浓水三路水流量均为 20L/h 的试验条件下，考察了工作电流分别为 0.2A、0.5A、1.0A、1.5A、2.0A、2.5A 时对电渗析单程浓缩稀土浸出液的影响。实验结果如图 3-11 所示。

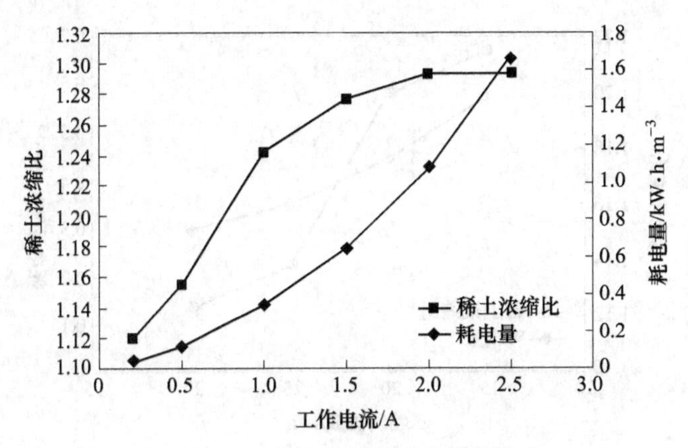

图 3-11 工作电流对稀土浓缩的影响

图 3-11 给出了工作电流对稀土的单程浓缩比、耗电量的影响。由图可以看出，在工作电流低于 1.5A 时，随着工作电流的提高稀土的单程浓缩比增加很快，这是由于提高工作电流后，工作电压增加，对离子迁移的推动力也增大，离子的迁移率就上升，因此稀土的单程浓缩比也增加。当工作电流超过 1.5A 时，开始

出现极化现象，使离子交换膜的膜面电阻增加，部分电能用于水的电离和 OH^-、H^+离子的迁移上，使得稀土单程浓缩比增速缓慢。

同时从图 3-13 中工作电流与耗电量的曲线可以明显地看出，耗电量随着工作电流的增加而增加，这是由于提高工作电流后工作电压也增加，且增幅不断加大，所以耗电量也明显增加。

3.6.2 物料流量实验

物料流量是衡量电渗析设备生产能力的指标之一，是影响电渗析设备浓缩效果的重要因素。从理论上分析，提高物料流量可以增加电渗析器的处理能力，但是如果物料流量被无限制的增大，溶液中的许多离子没有足够的时间通过离子交换膜就随溶液直接流出电渗析器，分离效果必然受到影响，因此电渗析器运行时流量必须处于适宜的物料流量范围内。

实验在浓、淡水箱中均加入稀土浸出液，稀土浓度为 0.207g/L，电渗析器物料流量为 20L/h，工作电流为 1.2A（该电流值取在该试验的稀土浓度、流量条件下极限电流值的 80%）实验条件下，为了使离子交换膜两侧的压力均衡，减小压差渗透，在实验操作中保持浓淡两室物料流量相等，考察了浓、淡物料流量分别为 15L、20L、25L、30L 时电渗析单程浓缩稀土浸出液的效果。实验结果如图 3-12 所示。

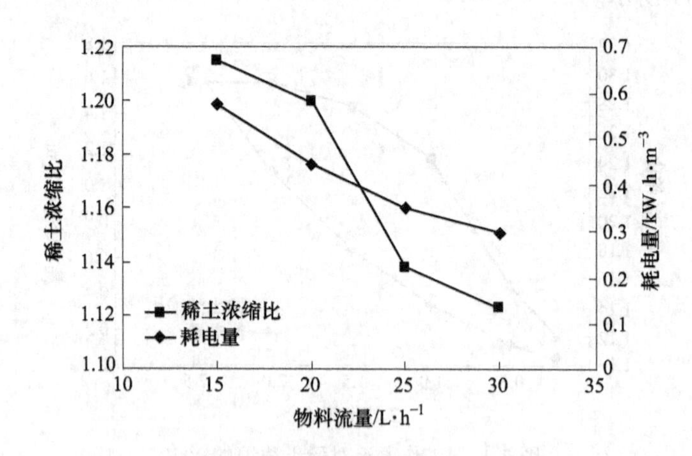

图 3-12 物料流量对稀土浓缩的影响

由图 3-12 可知，随着浓、淡物料流量的增加，稀土的单程浓缩比和电渗析器耗电量都逐渐降低。这是由于物料流量增加后，稀土浸出液在电渗析器内的停留时间变短，稀土离子透过离子交换膜的概率变小，导致稀土的单程浓缩比降低。另外，当物料流量增大时，物料的湍流程度增强，滞留层厚度变薄，膜面电阻减小，为了维持同样的工作电流工作电压必然降低，所以耗电量降低。在浓、淡物料流量为 20L/h 时，单程稀土浓缩比为 1.2，仅比物料流量为 15L/h 时低 0.015，而耗电量较其降低了 23%，而继续增加物料流量稀土单程浓缩比降低幅度较大，耗电量降低幅度却越来越小，由此确定浓、淡物料流量的最佳值为 20L/h。

3.6.3 物料稀土浓度比实验

电渗析器运行过程中随着浓、淡室的进料浓度比增大，两室的浓度差增大，造成水的渗透及溶液离子发生浓差扩散，致使离子的绝对迁移量减少，脱盐效果减弱，电耗增加，使电渗析器的工处理效果变差。所以，在电渗析运行过程中，从运行效果和经济两方面来考虑，均需确定一个合适的进料浓度比。

在电渗析器极水、淡水、浓水三路水流量均为 20L/h，工作电流为 1.2A 的实验条件下，在淡水水箱中加入稀土浸出液，稀土浓度为 0.207g/L，保持淡水进水稀土浓度不变，浓水水箱各次加入不同的更高浓度的稀土溶液，其亦为浓缩稀土浸出液得到，使得浓、淡进料稀土浓度比为 1、1.875、2.75、3.75、5，考察了物料在不同稀土浓度比条件下对电渗析单程浓缩稀土浸出液的影响。实验结果如图 3-13 所示。

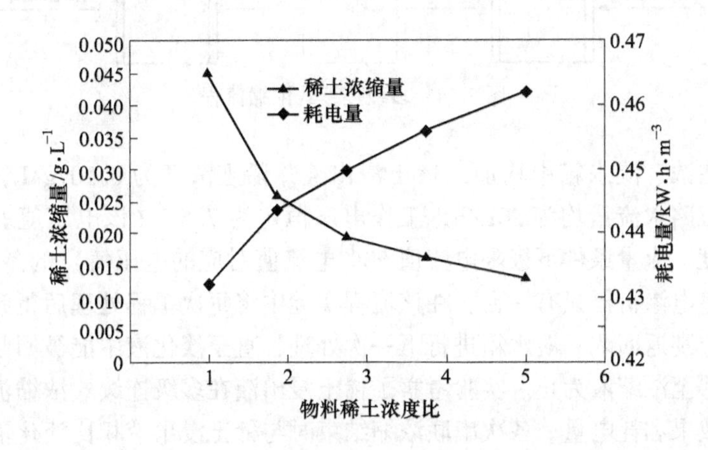

图 3-13 物料稀土浓度比对稀土浓缩的影响

由图 3-13 可知，随着进料稀土浓度比的增加，稀土的单程浓缩量降低，耗电量增加。这主要是因为随着进料稀土浓度比增大以及电渗析运行过程中对溶液中离子的浓缩作用，使浓缩室和淡化室存在的浓度差不断变大，淡化室的稀土浓度低，相应离子迁移阻力大，迁移量减少。与此同时，溶液中离子发生浓差扩散和水的渗透，稀土溶液中的离子由浓缩室向淡化室扩散迁移，水由淡化室向浓缩室渗透，致使离子的迁移绝对量减小，因此运行过程中稀土离子浓缩量会降低。另外，随着稀土浓度比增加，离子从淡化室向浓缩室迁移时阻力会增大，为了保持工作电流恒定，电压便会升高，所以耗电量增大。

3.7 电渗析流程选择实验

由于实验室单台电渗析器单次无法将稀土浸出液中稀土完全浓缩至浓缩液，为了尽可能地将浸出液中的稀土离子回收利用，结合电渗析常用流程以及对实际实验情况的分析，选择了多级连续式和循环式流程进行对比择优。

3.7.1 多级连续式浓缩流程

多级连续式浓缩流程如图 3-14 所示，稀土浸出母液经电渗析器多台单级或多台多级串联后，一次浓缩至稀土被最大程度回收，淡化液可直接排放或回用的水平。该流程是国内最常用形式之一，一般采用定电压操作。

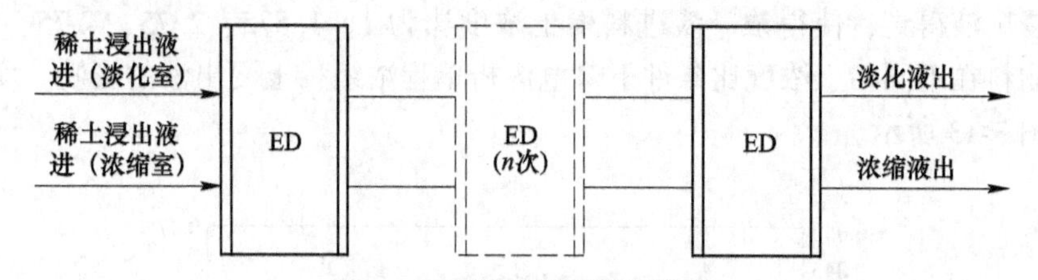

图 3-14 多级连续式浓缩流程

实验在浓、淡水箱中均加入稀土浸出液，稀土浓度为 0.207g/L，极水、淡水、浓水三路水流量均为 20L/h，工作电压恒定为 7.5V（该电压值取在该实验的稀土浓度、流量条件下极限电流值 80%电流值对应的电压值）的条件下进行。由于实验室电渗析器只有一台，在该流程实验中将每次单程处理后得到的浓缩液和淡化液分别返回浓、淡水箱进行下一次处理，直至淡化液中能被回收的稀土离子基本迁移至浓缩液为止。实验考察了稀土浸出液在多级连续式浓缩流程中每一级的浓缩效果和耗电量。各次串联浓缩结束时与稀土浸出液相比淡化液的稀土脱除量及浓缩液的稀土浓缩量如图 3-15 所示，稀土浓缩比和耗电量情况如图 3-16 所示。

由图 3-15 可知，在多次连续式浓缩稀土浸出液流程中，稀土离子不断被浓缩，且随着串联浓缩次数的增加，浓缩程度加大，淡化室的溶液浓度越来越低，浓、淡进料浓度比变大，导致单次浓缩过程的淡化液稀土脱除量和浓缩液稀土浓缩量随着串联浓缩次数的增加而下降，浓缩速度也下降，所以浓缩时稀土的变化量先大后小。从第 7 次浓缩开始淡化液稀土脱除量比浓缩液稀土浓缩量稍大，这

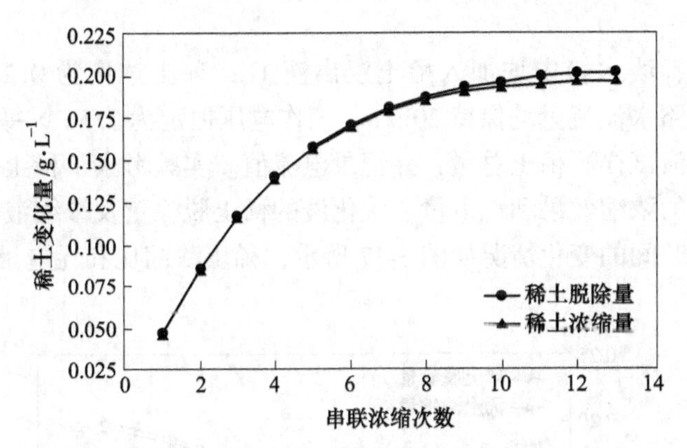

图 3-15 多级连续式浓缩流程稀土变化量

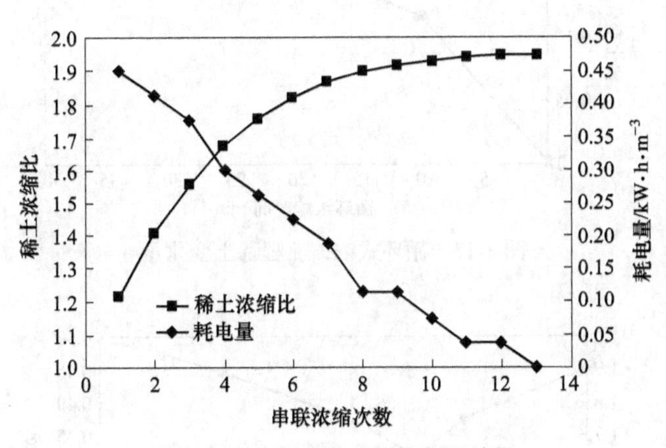

图 3-16 多级连续式浓缩流程效果

是由于随着浓缩室溶液浓度不断增加，位于浓缩室和极室之间的阳离子膜的两边溶液浓度差大，导致浓缩液中少量的离子发生扩散迁移至极水中，其中也包括部分稀土离子。

图 3-16 表明了稀土浓缩比也是随着串联浓缩次数的增加不断增大，趋势由强变弱。同时，在该流程中，由于离子不断迁移，淡化室的溶液浓度不断下降，电渗析工作电流也随之减小，耗电量便也越来越低，到第 13 次浓缩处理时，电流值降为 0，即没有浓缩效果，此时，淡化液中的稀土基本迁移至浓缩液中。

3.7.2 循环式浓缩流程

电渗析循环式浓缩流程如图 3-4 所示，将一定量的待处理稀土浸出液加入淡化池和浓缩池，经电渗析器反复多次浓缩，当淡化液中稀土基本被浓缩至浓缩液中为止。该流程适用于浓缩程度大，且要求淡化液水质稳定的情况，一般采用定电压操作。

实验中浓、淡水箱中均加入稀土浸出液 1L，稀土浓度为 0. 207g/L，极水、淡水、浓水三路水流流量均保持 20L/h，工作电压恒定为 7. 5V。每隔一段时间取浓缩液和淡化液试样测稀土总量，并记录电流值。实验考察了稀土浸出液在循环式浓缩流程中的浓缩效果和耗电量。淡化液的稀土脱除量及浓缩液的稀土浓缩量随着循环浓缩时间的变化情况如图 3-17 所示，稀土浓缩比和耗电量情况如图3-18所示。

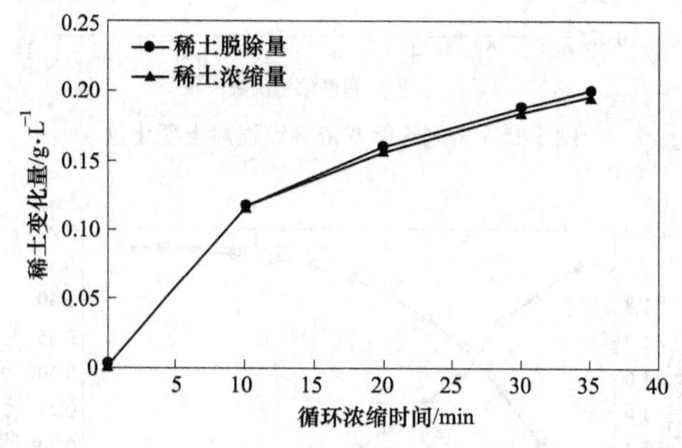

图 3-17　循环式浓缩流程稀土变化量

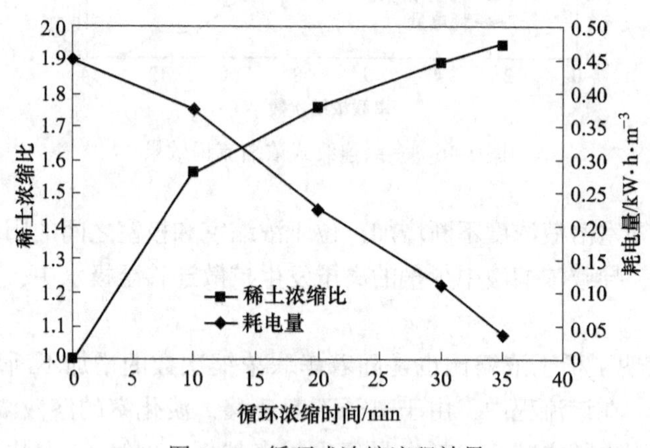

图 3-18　循环式浓缩流程效果

由图 3-17 可知，在循环式浓缩稀土浸出液流程中，随着浓缩时间增长，稀土脱除量和浓缩量都不断增加，且增速不断变缓，从 20min 开始渐渐有稀土离子从浓缩室迁移至极室中，现象与多次连续式浓缩稀土流程相似，原因相同。图 3-18表明稀土浓缩比随着浓缩时间增长而增大，耗电量不断减少，且在 35min 时淡水水箱中的稀土离子基本被浓缩入浓缩液中，到达浓缩终点。

从稀土浸出液的多级连续式浓缩流程和循环式浓缩流程试验可知，两种流程均可将稀土浸出液有效浓缩，均能使浓缩液中稀土的浓度达到 0.4g/L 以上。多次连续式浓缩流程能连续出水，管道简单，动力耗电在总电耗中占的比例比较小，但是相同台数电渗析器处理相同量的稀土浸出液该流程需要的浓缩时间比循环式流程长约 15%，且流程长，仅将稀土浸出母液浓缩一倍就需要浓缩 13 次，若继续浓缩则次数必然越来越多，需要串联的电渗析器台数也越来越多，在实验室仅有一台电渗析器的条件下实验操作十分繁杂，难以实现。另外，该流程操作弹性小，在稀土浸出液浓度变化时适应性差。循环式浓缩流程的缺陷为需要的辅助设备较多，动力消耗更大，只能间歇供水，但是其适应性较强，既可用于浓缩高浓度的稀土浸出液，也可用于浓缩低浓度的稀土浸出液，且特别适用于水质经常变化的场合，它始终能得到水质稳定的淡化液。综上所述分析可知循环式浓缩流程更为适合电渗析对稀土浸出液的浓缩。

3.8 膜污染机理及清洗

3.8.1 膜污染及原因

在电渗析运行过程中，离子交换膜的污染程度及污染机理与离子膜的电化学性质以及物理性质有关，包括：膜面电阻、离子交换容量、亲水性和 Zeta 电位。

电渗析浓缩稀土浸出液实验过程中，每次循环浓缩均保持 5V 恒压工作，随着浓缩时间增长，淡化室的离子浓度逐渐降低，工作电流也不断减小，且一直处于小于该阶段情况相应的极限电流值，浓缩效果较好，不易发生极化现象。

实验过程中，尽管注意了电渗析进水水质预处理和相关的操作要求，但是随着电渗析器运行时间的增长，其中的阴、阳离子交换膜还是会不可避免地产生一定程度的污染。观察被污染的离子交换膜，其表面某些区域覆盖了白色的污垢物，主要成分为硫酸钙。

有学者对实验前后阴、阳离子交换膜进行了扫描电镜，以便对离子交换膜的污染情况进行分析，扫描结果见图 3-19，电渗析运行后离子交换膜已经产生一定程度的污染，不仅膜表面被污染，膜内部有沉淀附着，这将对膜的性能和电渗析浓缩效果造成一定的不良影响。

电渗析浓缩稀土浸出液过程中不可避免地会产生垢物和污染物，形成原因如下：

（1）极室由于发生电极反应可能形成氢氧化钙、氢氧化镁、碳酸镁、碳酸钙和硫酸钙等污物，导致电极表面和极室阳膜测被污染。

（2）发生极化现象后，离子交换膜的浓缩室侧和内部会产生碳酸钙、碳酸镁、氢氧化镁和硫酸钙沉淀。

（3）电渗析浓缩过程中，离子交换膜膜面处的离子浓度远远超过溶液中的离子浓度，导致离子交换膜浓缩室测由于过饱和产生沉淀；另外，随着电渗析过程稀土浸出液不断被浓缩，浓缩室内有些离子浓度不断升高，超过在该条件下的溶解度过饱和后也产生沉淀，沉淀的主要成分为硫酸钙，它们随着溶液的流动沉积在离子交换膜或者隔板上，还有少量进入膜内部，造成膜污染。

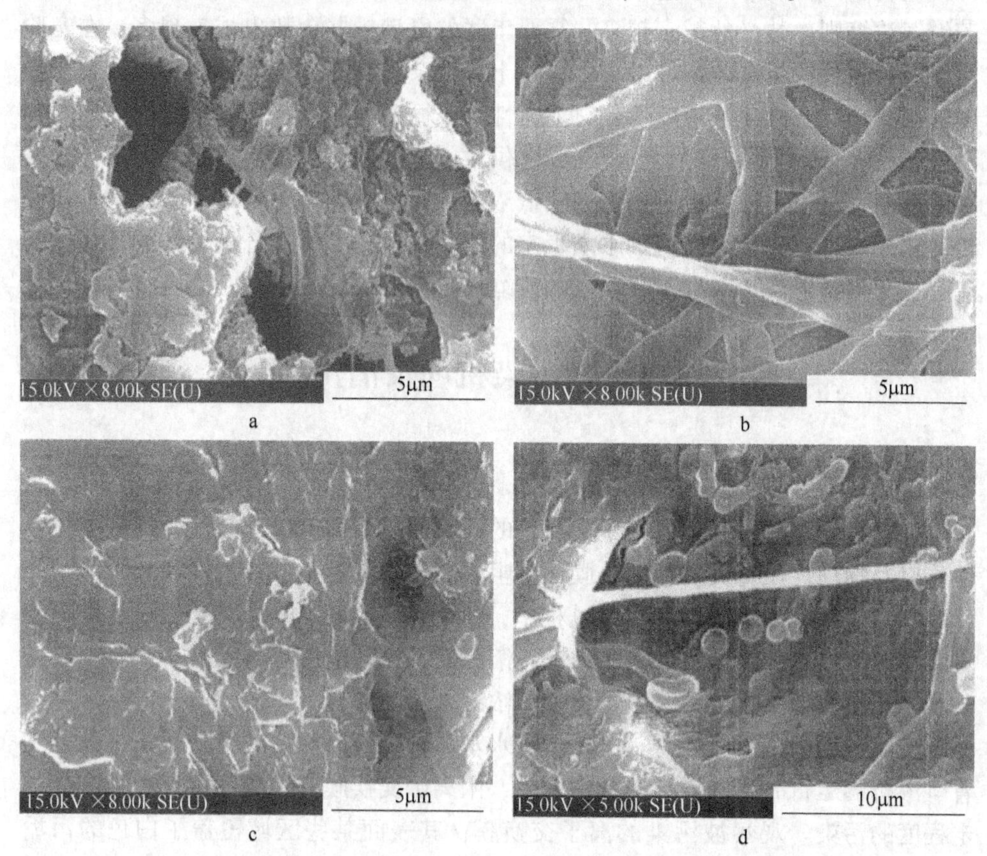

图 3-19 离子交换膜扫描电镜图

a，c—阳离子交换膜污染前后扫描图；b，d—阴离子交换膜污染前后扫描图

3.8.2 膜污染防治措施

（1）原水预处理。一般情况下，天然水中都或多或少的存在污染物，不能达到电渗析的进水水质要求，所以不能直接进入电渗析设备。需先进行活性炭过滤、精密过滤、电凝聚等预处理措施，减少原水中的胶体和有机物的含量。

（2）使用脉冲电流。电渗析器采用脉冲电流的话，离子交换膜两边的浓度变化规律会改变，使得沉淀不容易产生，且相比使用直流电时的电渗析器浓缩性能更好，能有效缓解膜污染。

(3) 优化操作过程。电渗析器运行过程中应使工作电流低于极限电流，在试验条件允许的情况下尽可能提高膜面流速，均有利于减慢膜污染速度。还可以适当增加电渗析塑料隔板厚度，并且向隔室引入空气，以便借助空气泡的搅拌作用将污染物冲洗出隔室，防止污染物沉积在膜面。

(4) 加入药剂。根据产生的污染物加入相应的阻垢剂或絮凝剂，可以在一定范围内减少污染物的产生或者增大污染物在溶液中的溶解度，减缓膜污染速度。实验过程中尝试过添加少量六偏磷酸钠以控制硫酸钙的产生，发现其可以增大硫酸钙的溶解度，但是不利于后期稀土浸出液浓缩液中硫酸钙的析出、沉降及过滤。

(5) 膜面修饰和膜的选择。针对电渗析应用的具体情况通过对膜表面进行修饰以增强膜的抗污染能力。此外，也可选用能除去稀土浸出液中钙离子和硫酸根离子的特殊的离子交换膜，避免产生硫酸钙沉淀。

3.8.3 膜污染清洗措施

电渗析器的离子交换膜污染防治措施只能在一定条件下减缓膜污染程度的进一步加深，但是随着运行时间的增加，膜污染程度必然加深，污染物会越来越多，到一定程度后将会严重影响电渗析器的正常运行。当物料流量明显下降，浓缩速度变慢时，必须对电渗析器进行清洗，去除污染物。清洗方法为：

(1) 不拆槽化学清洗。用浓度为5%的柠檬酸循环酸洗，直至酸度不再下降，清洗10min可溶解酸溶性物质，同时还能去除部分有机物，水垢变疏松，使硫酸钙和污染物易于冲去。膜被清洗干净后可恢复流量，其通透能力也可恢复至初始值的90%以上。

(2) 拆槽清洗。若膜污染太严重，化学清洗效果不好时则需要进行拆槽清洗。将电渗析器本体拆开，将电极、离子交换膜和塑料隔板分别进行机械洗刷后再化学酸洗。拆槽清洗操作烦琐，花费时间长且会造成膜机械损伤，除非不拆槽，化学清洗不能有效去除膜污染物，一般不进行拆槽化学清洗。

参考文献

[1] 陈继，郭琳，邓岳锋．稀土元素的萃取分离方法．中国专利．CN 102618736 A. 2012. 08. 01.

[2] 张维润，姚复宝，薛德明，等．电渗析工程学 [M]．北京：科学出版社，1995：1.

[3] 邵刚．膜法水处理技术 [M]．2版．北京：冶金工业出版社，2001.

[4] 陈浚．电渗析法处理含铅废水的研究 [D]．浙江工业大学，2004.

[5] Levin A M, et a1. Nickel and manganese recovery from sulfuric acid solutions by membrane

electrolysis [J]. Tsvetn. Met, 2000 (2): 41~44.

[6] 吕建国，张明霞，索超．电渗析技术的研究进展 [J]. 甘肃科技，2010，26 (18)：85~88.

[7] 杨骥，刘开成，郭锐，等．黑液电渗析回收碱的研究 [J]. 环境化学，2006，25 (5)：629~632.

[8] 肖亚娟，吕锡武，李金荣，等．电渗析处理印刷线路板废水的研究 [J]. 工业用水与废水，2010，41 (6)：38~40.

[9] Caprarescu Simona, Purcar Violeta, Vaireanu Danut-Ionel. Separation of Copper Ions from Synthetically Prepared Electroplating Wastewater at Different Operating Conditions using Electrodialysis [J]. Separation Science and Technology, 2012, 47 (16): 2273~2280.

[10] Klishchenko P E, Chebotareva R D, Goncharuk V V. Extraction of zinc from aqueous solutions by electrically polarized cation exchange fibers [J]. Journal of Water Chemistry and Technology, 2012, 34 (6): 253~257.

[11] 唐艳，凌云．氨氮废水的电渗析处理研究 [J]. 中国资源综合利用，2008，26 (3)：27~29.

[12] 薛德明，洪功伟，吴国锋，等．电渗析法浓缩回收稀土矿铵盐废液 [J]. 膜科学与技术，2000，20 (2)：61~65.

[13] 潘旗，陆晓华．电渗析法处理氯化铵废水的研究 [J]. 湖北化工，2002 (6)：15~16.

[14] 胡亚芹，吴春金，叶向群，等．膜集成技术浓缩稀土废水中的氯化铵 [J]. 水处理技术，2005，31 (8)：38~39.

[15] 孙鲁，修秀红，王成福，等．电渗析法去除木糖液中杂质离子的工艺研究 [J]. 中国食品添加剂，2011 (6)：136~140.

[16] 杨炼，江波，冯骉，等．电渗析在粗菊糖纯化过程中的应用 [J]. 食品科学，2006，27 (7)：119~123.

[17] 黄伟，刘东红．竹笋原液电渗析脱盐工艺的研究 [J]. 食品与发酵工业，2007，33 (3)：72~74.

[18] Jae-Hwan Choi, Sung-Hye Kim, Seung-Hyeon Moon. Recovery of lactic acid from sodium lactate by ion substitution using ion-exchange membrane [J]. Separation and Purification Technology, 2002, 28 (1): 69~79.

[19] 陈艳，张亚萍，岳明珠．电渗析技术在氨基酸生产中的应用 [J]. 水处理技术，2011，37 (11)：10~14.

[20] Habe H, Yamano N, Takeda S, et al. Use of electrodialysis to separate and concentrate y-amino butyric acid [J]. Desalination, 2010, 253 (3): 101~105.

[21] Bukhovets A E, Savel' eva A M, Eliseeva T V. Separation of amino acids mixtures containing tyrosine in electro-membrane system [J]. Desalination, 2009, 41 (2): 68~74.

[22] Hwa-Won Ryu, Young-Min Kim, Young-Jung Wee. Influence of operating parameters on concentration and purification of L-lactic acid using electrodialysis [J]. Biotechnology and Bioprocess Engineering, 2012, 17 (6): 1261~1269.

[23] 赵婧，冯骉．电渗析脱盐分离发酵液中氨基酸的研究 [J]．食品与发酵工业，2006，32 (9)：32~36.

[24] 张爱黎，邢志强，王兆文．电渗析法分离金银的研究 [J]．有色矿冶，2000，16 (1)：31~34.

[25] 李海波，李东梧，郑洪君，等．电渗析处理含金贵液的研究 [J]．化学工程，2003，31 (2)：46~50.

4 纳滤膜在离子吸附型稀土浸出液的应用

4.1 引　　言

离子吸附型稀土由于稀土在矿石中赋存的状态比较特殊，不能用常规物理选矿方式直接从矿石中获取稀土，需要通过改变稀土存在的形态进一步提取。池浸是稀土开采最早的方法，将采掘获得的稀土矿石浸入到已建好的浸析池中，通过向池中添加浸矿剂从而获得稀土浸出液；堆浸优于池浸，省去矿石采掘后的大规模运输，一般是将开采的矿石直接堆在矿山周围，然后向其中注入浸矿剂，从而获得稀土溶液；原地浸矿则是应用最广泛的开采方式，将浸矿剂通过井或槽直接注入稀土矿山中，从而使稀土离子与电解质溶液交换而进入到溶液。采用不同开采方式得到的稀土浸出液需经过除杂、沉淀、取上清液、再沉淀处理工序获取稀土沉淀物质，最后送至冶炼厂进一步提取其中的稀土。浸出液回收稀土所用方法介绍如下：

（1）沉淀法。通过向浸出液体系中加酸或碳酸氢盐可实现稀土沉淀分离，常用草酸或碳酸氢铵形成稀土沉淀，由于草酸沉淀效率低，投入加量较大，后续稀土母液需加碱中和，投资成本高，再加上草酸本身就具有毒性，污染环境，所以随着新技术的产生草酸沉淀稀土已淡出人们的视野；碳酸氢铵是利用稀土碳酸盐溶解度低的特点将稀土沉淀分离，克服了草酸沉淀成本高、毒性大、环境危害性大的不足，因其具有沉淀滤液无毒、稀土沉淀率高、成本低的优点被广泛应用，是现在沉淀稀土中最常用的方法，但过程中金属离子（Ca^{2+}、Mg^{2+}）会形成共沉淀，从而降低了碳酸稀土的纯度，此外产水氨氮含量高成为环境保护的一大挑战。

（2）沉淀-浮选法。可实现高效稀土回收，主要利用表面活性剂的吸附作用在气液界面实现对稀土离子的吸附并形成表面活性剂稀土沉淀，进而吸附到气泡上，浮出后实现分离。具有浮渣量小、反应时间快、可连续作业、易于分离等优点，通过改进浮选药剂，提高浮选过程的稳定性及药剂选择性，也是一种潜在的离子吸附型稀土回收新技术，发展前景较好。

（3）离子交换法。主要是利用稀土离子与树脂中可交换的离子进行扩散、交换、扩散的过程，使稀土离子进入到树脂中，从而通过淋洗实现稀土离子分离。黄万抚等研究了 DH325 树脂对低浓度稀土矿浸出液中稀土的富集作用，在探讨 HD325 树脂吸附动力学的基础上进行了浓缩实验，结果显示，DH325 树脂在酸性环境中能很好的吸附稀土离子，并实现 90.84%的解吸率。Yanbei Zhu 等采用 Chelex 100 螯合树脂对海水中低浓度的稀土元素予以回收，达到了 90%以上的回收率。但是该方法存在交换剂用量大，重复利用率低，选择性差，树脂成本高等缺点，并且生产周期比较长、效率低、连续性生产比较困难，后续高选择性离子交换剂的研发及淋洗条件的改进等成为该技术工业化应用的关键。

（4）溶剂萃取法。冶金行业广泛应用的分离方法，也是目前稀土分离回收的主要方法。其分离效果主要由萃取剂决定，未来研究方向主要是新型萃取剂研发、工艺改进。池汝安等进行了有机磷酸萃取氯化稀土的实验研究，通过添加氨水—Na_2S 调整 pH = 5.0，除去金属杂质离子，然后在盐酸体系中进行稀土萃取过程，最终可实现 45%~46%的稀土纯度。萃取设备研究方面，提出高效节能的离心萃取器，不仅可实现快速萃取，杂质含量也可保持在较低水平。但存在萃取设备多、前期投入大、萃取流程复杂、反萃取有机相难再生等不足，限制了其在小型稀土矿山中的应用，不适用于低浓度稀土浸出液。

（5）生物吸附法。作为一种非沉淀提取方法，生物吸附法由于更符合绿色化学发展的趋势，而成为近阶段研究的热点，发展前景广阔。生物吸附法是利用微生物对金属离子产生吸附作用达到分离的目的，在稀土中应用主要是利用微生物的吸附作用进行稀土浓缩，最早由 Mullen M D 开始对生物吸附在稀土吸附方面的应用进行研究，随后国内外学者相继对微生物吸附稀土离子展开研究，并取得了一定成果，但关于这方面的研究，目前来看技术主要集中在国外，国内研究较少，且主要围绕微生物吸附机理及吸附条件优化展开。由于该法具有稀溶液处理效果好、吸附速率高、pH 值及温度适用范围宽、选择性强、资金投入少、成本低等特点，如若克服现存生物周期长、稳定性低等不足，在未来稀土回收提取中也不失为一种很好的提取方法。

上述几种稀土回收方法，主要具有如下特点：首先处理工序复杂，从原矿浸出到获得稀土浓缩液，需要对浸出液进行除杂、沉淀、取上清液、再沉淀处理，最后将沉淀送至冶炼厂提取稀土，过程较为烦琐，增大了回收难度，过程产生的二次污染同时对环境造成了很大的危害；其次，由于工序较多，每一个处理工序都存在稀土量损失，导致过程稀土损失量加大；最后，多次改变稀土存在状态，使其在固体与液体间不断转换，回收原理存在一定不合理性。因此，如何能在简化回收流程的同时又实现稀土高效回收，并且使稀土离子始终在液体中以离子状态存在，成为稀土回收的重要研究方向，而纳滤膜分离技术能够实现多价离子的高截留率，且分离过程无相变，能够解决传统稀土分离中存在的上述问题，因此课题组进行了纳滤膜的制备及其在离子吸附型稀土中应用的探索研究。

4.2　材料与方法

4.2.1　实验材料

4.2.1.1　稀土浸出液

试样取自江西某离子吸附型稀土矿山，为原地浸矿后经碳酸氢铵除杂后的稀土浸出液。

A　稀土浸出液配分

采用原子发射光谱（ICP）测定稀土浸出液配分，见表4-1。由该表可知稀土浸出液中轻稀土所占比重最多，其值为68.375%。

表4-1　稀土浸出液配分

元素	La_2O_3	CeO_2	Pr_6O_{11}	Nd_2O_3	Sm_2O_3	Eu_2O_3	Gd_2O_3	Tb_4O_7
含量（质量分数）/%	31.539	7.529	5.199	24.108	4.181	0.626	4.040	0.493
元素	Dy_2O_3	Ho_2O_3	Er_2O_3	Tm_2O_3	Yb_2O_3	Lu_2O_3	Y_2O_3	
含量（质量分数）/%	2.809	0.609	1.078	0.102	0.548	1.355	15.783	

B　试样浓度、杂质含量及理化性质

采用EDTA滴定稀土浸出液浓度，滴定结果见表4-2；杂质含量采用ICP测定，结果见表4-3；试样其他理化性质具体结果见表4-4。

表4-2　稀土浸出液浓度

编号	1	2	3	4	5	6
稀土浓度/$g \cdot L^{-1}$	0.224	0.227	0.224	0.225	0.226	0.221

由表4-3可知，试样中稀土含量约为0.2246g/L。

表4-3　稀土浸出液杂质含量

元素	Ga	Mg	Al	Fe	Mn	Zn
含量/$mg \cdot L^{-1}$	285.6	190.2	<0.05	<0.05	3.17	2.86

表4-4　稀土浸出液理化性质

指标	浊度	游离氯	COD	氨氮	pH值
含量/$mg \cdot L^{-1}$	0~3	10.29	<3	305.15	5.67

4.2.1.2 纳滤膜

A 纳滤膜基本信息

本书所用纳滤膜为平板膜，均为聚酰胺材质，具体信息见表 4-5。

表 4-5 实验用纳滤膜基本信息

膜片编号	截留分子量 /g·mol^{-1}	操作温度 /℃	适用 pH 值范围	最大操作压力/MPa	生产厂家
NF1	150~300	5~50	2~12	2.0	普瑞奇科技股份有限公司
NF2	300	5~45	2~13	2.5	自制
NF3	500	10~50	1~13	2.0	自制

注：膜片编号 NF1 类膜为商业纳滤膜，膜片编号 NF2 类膜为本实验室自制纳滤膜，膜片编号 NF3 类膜为本实验室自制加碳纳米管改性纳滤膜。

B 纳滤膜渗透通量及分离性能

纳滤膜通量的大小直接关系到其截留效果，而纳滤膜自身的材料、结构组成等是影响膜通量的重要因素。图 4-1 为本书所用三种纳滤膜在不同压力下纯水通量的变化曲线，由图可知，三种膜的纯水通量均随系统压力的增加呈线性增长的趋势，通量大小排序为 NF3>NF2>NF1，但三者水通量相差不大，0.6MPa 下均可达 38L/(m^2·h) 以上，通量性能良好。

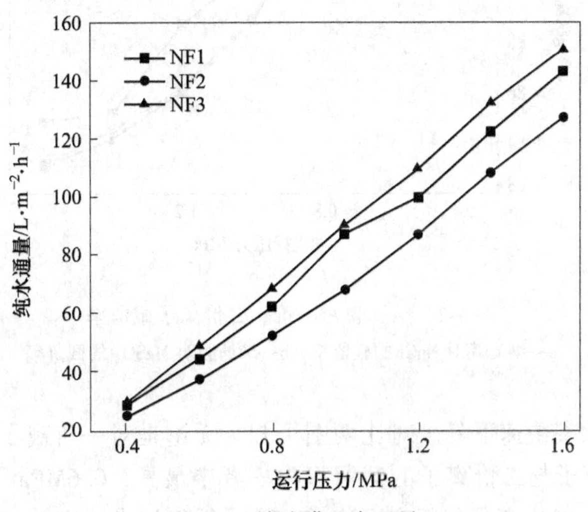

图 4-1 纳滤膜纯水通量

纳滤膜对 1g/L NaCl、1g/L $MgSO_4$ 的截留率曲线见图 4-2。

由图 4-2 可知，随着压力的增大，纳滤膜对一价、二价离子的电导率去除率均呈现先增加后降低的趋势，且在 0.6MPa 时达到最高的去除率，随着压力增

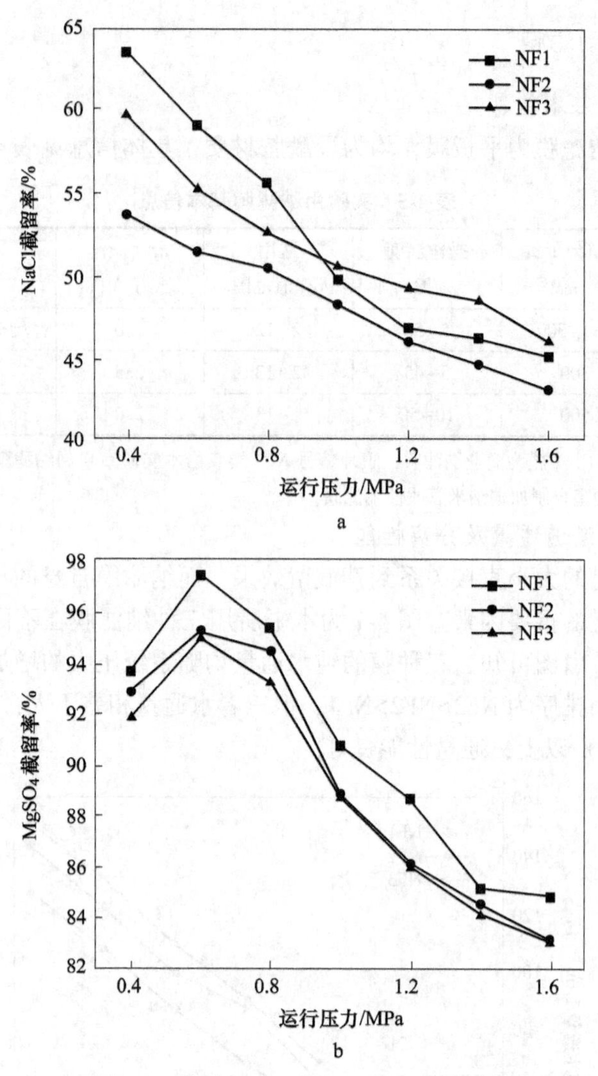

图 4-2　纳滤膜对一价、二价离子截留率

a—纳滤膜对 NaCl 的截留率；b—纳滤膜对 $MgSO_4$ 的截留率

大，电导率去除率快速下降。对比两图可知，无论是对一价离子还是二价离子，NF1 膜对一价离子与二价离子的截留率为三者中最高，0.6MPa 下对一价离子截留率约 57.5%，二价离子截留率可达 97.5%，得出初步结论，NF1 膜离子去除率较高，膜分离性能较好；NF2 与 NF3 对二价离子分离效果相差不大，0.6MPa 下，均可达到约 95%的截留效果，但后者对一价盐的去除率稍高于前者，0.6MPa 下，NF3 对 NaCl 去除率达 55%，NF2 略低，约为 52%。综上可知，三种纳滤膜对二价离子表现出较好的分离性能，可用于稀土浸出液处理。

4.2.2 实验设备

实验所用装置见图 4-3a、b 所示装置均为膜性能高压评价仪。

a

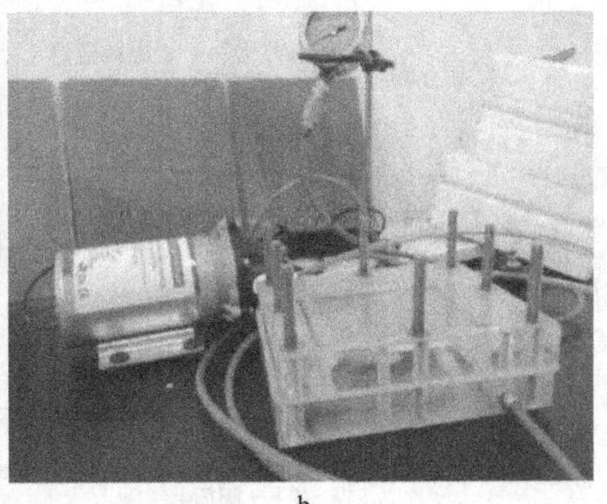

b

图 4-3 膜性能高压评价仪

a—三膜池评价仪；b—单膜池评价仪

4.2.3 实验流程

由于原料液水质较为清澈，无肉眼可见悬浮物、无絮体等，故可直接用于实验。大致流程如下：首先向膜组件装膜片，图 4-3a 装置出水在膜组件顶部，故放置膜片时应先将橡胶垫圈放进凹槽，再将膜片正面朝下放在垫圈上，保证膜片完全展开、无褶皱后方可拧紧螺丝，完成膜片安装；图 4-3b 装置出水在膜组件底部，故膜片安装时应正面朝上放置。原料液从进料槽经阀门 5 由高压泵输送进入膜组件中，经纳滤截留后，回水经过转子流量计重新回到进料槽循环使用，渗透液流经烧杯收集后倒入进料槽，以保证系统进料液的浓度。调节进料液的温控装置在进料槽前段，为实验室自组装，储水槽内为自来水，经由低压泵提升进入料液槽中空桶壁内，通过调节储水槽内水温，进一步实现进料液温度调节，由于实验操作温度范围 20~50℃ 较易达到，使用此简单温控组合即可实现。其中系统压力由阀门 6 调节，阀门 4 为系统出水口，进料流量由阀门 5 控制，压力传感器可读出系统压力，阀门 1、阀门 2、阀门 3 用于调节进料槽桶壁内的水量。

4.2.4 实验方法

4.2.4.1 压力影响实验

采用三种纳滤膜在 0.4~1.6MPa 的压力范围内对浸出液进行处理实验（见图 4-4）。操作条件：pH = 5.0，进料流量 240L/h，温度 25℃。据文献介绍[14]，膜

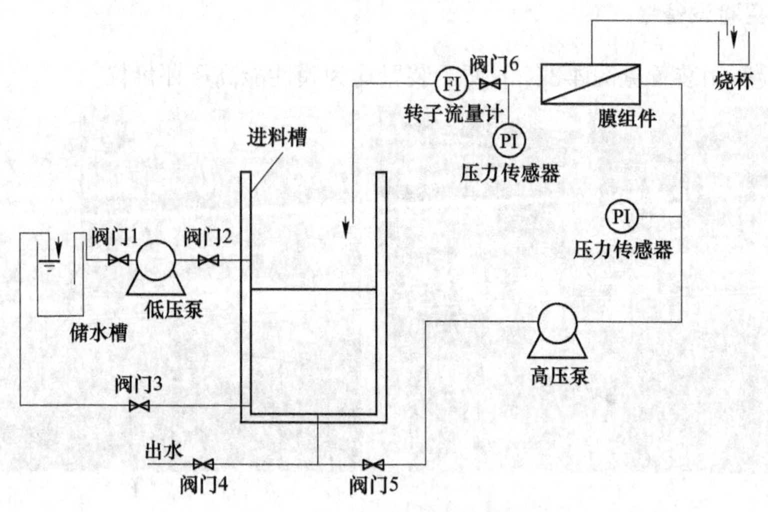

图 4-4　纳滤实验装置流程图

系统在高压下预压一段时间，可提高膜性能，故压力实验分阶段进行。

（1）研究预压与未预压情况下，三种纳滤膜截留稀土浸出液时的膜通量及截留率，对比确定本研究膜系统是否需要预压。预压条件（1.0MPa，30min），膜系统压力<1.0MPa 时，采用上述预压条件进行预压；膜系统操作压力>1.0MPa 时，在该压力值下进行预压即可。本节实验系统运行后，每隔 10min 分别对膜前、膜后的溶液进行取样，同时记录产出 20mL 渗透液所需时间。根据公式（4-1）计算出膜通量；采用 EDTA 滴定膜前、膜后溶液稀土量，根据公式（4-2）计算出膜对稀土的截留率，根据所得数据分别作出膜通量及截留率预压与否条件下变化的趋势图。

$$J = \frac{V}{At} \tag{4-1}$$

式中　J——纯水（溶液）通量，单位时间单位膜面透过水的体积，$L/(m^2 \cdot h)$；

V——固定时间的渗透液体积，m^3；

A——评价仪中膜的测试面积，m^2；

t——为固定的测试时间，h。

$$R = \left(1 - \frac{c_1}{c_0}\right) \times 100\% \tag{4-2}$$

式中　R——离子截留率，%；

c_1——渗透液中稀土浓度，mg/L；

c_0——浓缩液稀土浓度，mg/L。

（2）研究不同操作压力下，三种纳滤膜通量、截留率随时间的变化，实验持续时间分别为90min、240min，据此得出不同压力下纳滤膜截留稀土浸出液时的通量值与截留率，通过分析膜通量与截留率变化曲线，确定膜系统适宜的操作压力范围。测定压力对膜通量影响，90min 时间内，每隔 10min，分别记录三种纳滤膜产生 20mL 渗透液所需时间，根据公式（4-1）计算通量值；测定压力对膜截留率影响，240min 时间内，每隔 30min，分别对膜前、后的溶液取样 10mL，采用 EDTA 滴定法分别滴定其中稀土含量，根据公式（4-2）得出膜对稀土的截留率。根据所得数据作出不同压力下膜通量及膜对稀土截留率随时间的变化曲线。

4.2.4.2 进料流量影响实验

采用三种纳滤膜在 120~420L/h 的通量范围内对浸出液进行截留研究。操作条件：压力 0.6MPa，pH=5.0，温度 25℃。不同进料流量值时，运行 20min，记录产出 20mL 渗透液所需时间，并对膜前、膜后溶液取样 10mL。从而得出不同进料流量下对应的膜通量及膜对稀土的截留率，根据所得数据作出不同进料流量下膜通量及膜对稀土截留率变化曲线，分析确定膜系统适宜的进料流量范围。

4.2.4.3 pH 值影响实验

pH 值范围为 2.0~6.0，实验操作条件：压力 0.6MPa，温度 25℃，进料流量 240L/h。添加稀硫酸调节进料液 pH 值，通过测定不同 pH 值下膜通量及膜对稀土的截留率，根据所得数据作不同 pH 值下膜通量及膜对稀土截留率变化的曲线，从而分析 pH 值对稀土截留过程的影响程度，得出适宜 pH 值范围。

4.2.4.4 温度影响实验

温度范围 20~50℃，实验操作条件：压力 0.6MPa，pH=5.0，进料流量 240L/h。温控装置调节浸出液温度，通过测定不同温度下膜通量及膜对稀土的截留率，作出二者变化曲线，从而分析确定适宜的温度范围及最佳值。

4.2.4.5 体积浓缩因子影响实验

体积浓缩因子（volume reduction factor，VRF）范围为 1~10。操作条件：压力 0.6MPa，pH=5.0，温度 25℃。取浸出液 1L，分别在其体积浓缩为 900mL、800mL、700mL、600mL、500mL、400mL、300mL、200mL、100mL 时，记录此时产出 10mL 渗透液所需的时间，同时对膜前、后溶液取样 10mL。计算得出不同体积浓缩因子下相应的膜通量及膜对稀土截留率，作出变化曲线得出最佳 VRF 值，计算公式见式（4-3）。

$$VRF = \frac{V_1}{V_2} \tag{4-3}$$

式中　VRF——体积浓缩因子；

V_1——初始料液体积，L；

V_2——浓缩后料液体积，L。

4.3　操作因素对截留离子吸附型稀土浸出液的影响

分别考察了实验所用纳滤膜在不同压力下的膜通量及膜对稀土截留率随时间的变化趋势，因试样不含悬浮物，杂质成分少，水质较为清澈，故直接用于纳滤截留。

4.3.1　进料流量的影响

本研究选择的进料流量范围为 2～7L/min，考察进料流量分别对渗透水通量和稀土截留率的影响，实验结果见图 4-5 和图 4-6。

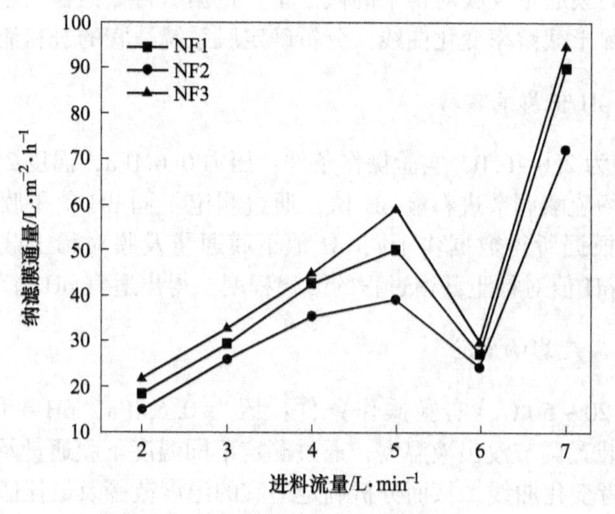

图 4-5　不同进料流量下膜通量变化曲线

4.3.1.1　进料流量对膜通量的影响

分析图 4-5 可知，随着进料流量的增加，在一定范围内三种纳滤膜的渗透水通量均呈增加趋势，达到最大值后迅速降低后再快速增大。在 2～5L/min 范围内，进料流量增加，渗透水通量增加；当大于进料流量 5L/min 后，膜通量急速下降，在 6L/min 时达到最小，此后迅速增大，产生这种现象的原因可能是过大的进料流量对纳滤膜表面产生较大剪切力，从而使膜孔结构变化而致。其中 NF1 和 NF3 膜渗透水通量相差不大，NF2 膜渗透水通量最低，符合基本变化规律。

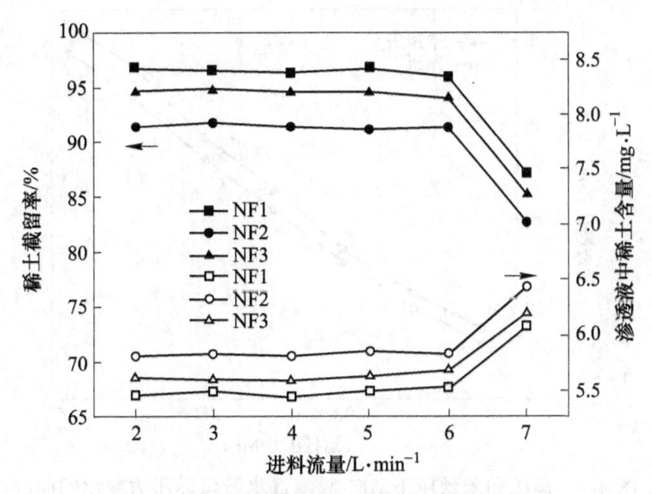

图 4-6 不同进料流量下膜稀土截留曲线

4.3.1.2 进料流量对膜截留率的影响

进料流量会对膜面湍流产生影响，进而影响到膜的截留性能。由图 4-6 可知，随着进料流量的增大，三种纳滤膜的截留率整体呈下降趋势，但下降较为缓慢；当进料流量超过 6L/min 后，膜的截留率快速下降。造成这种现象的原因可能是进料流量较小时料液内物质逐渐在膜面富集，表现为膜通量增加，膜截留率基本不变；污染达到一定程度后，表现为截留率稳定，膜通量下降，当进料流量继续增大，导致膜面凝胶层因较大冲击力而受损，同时膜孔结构发生改变，从而使膜截留率骤降。

综合图 4-5 和图 4-6，为保证膜不受损，选定适宜的进料流量范围为 4~5.5L/min。

4.3.2 运行压力的影响

本节分别考察了实验所用纳滤膜在不同压力下的膜通量及膜对稀土截留率随时间的变化趋势，因试样不含悬浮物，杂质成分少，水质较为清澈，故直接用于纳滤截留。

4.3.2.1 膜通量随压力的变化

纳滤膜材质对膜通量起着决定性的作用，材质不同所制备膜的孔径、接触角、抗污染能力等性能参数均存在很大差异。实验考察了三种纳滤膜在不同压力下的膜通量变化趋势，对比了同种纳滤膜在预压（1.0MPa，预压 30min）和未预压下的膜通量大小，实验方法和测定纯水通量方法一致，把纯水换成稀土浸出液即可，压力范围为 0.4~1.6MPa，温度为室温 25℃，实验结果如图 4-7~图 4-9 所示。

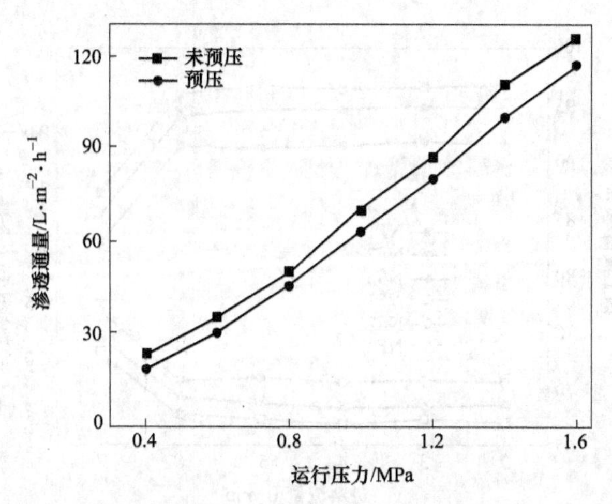

图 4-7　预压和未预压下 NF1 膜渗透水通量随压力变化的曲线

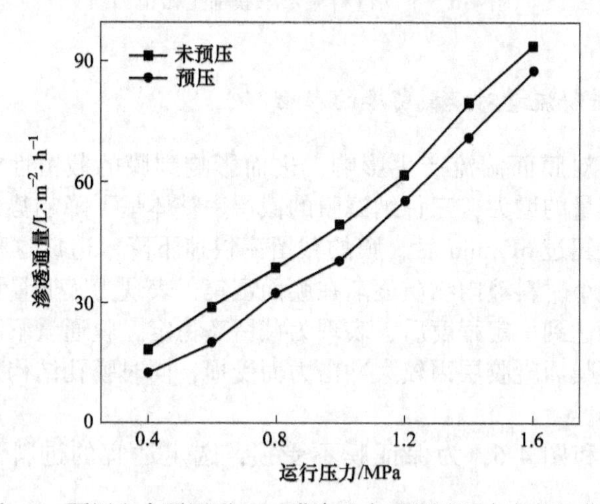

图 4-8　预压和未预压下 NF2 膜渗透水通量随压力变化的曲线

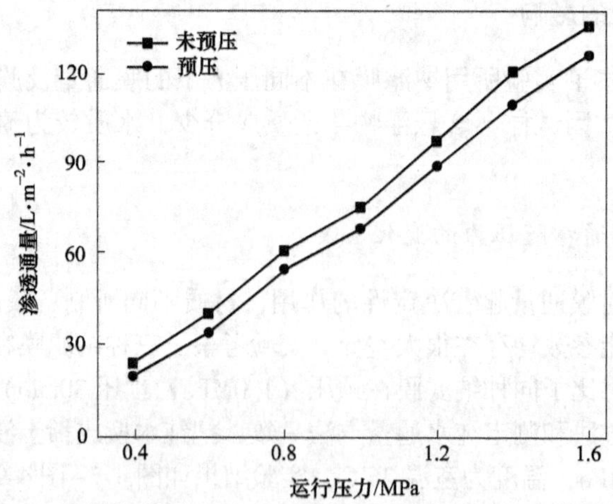

图 4-9　预压和未预压下 NF3 膜渗透水通量随压力变化的曲线

由图4-7~图4-9可知，三种膜渗透水通量无论预压与否，均呈现出压力增大，渗透水通量线性增大的趋势。在预压后渗透水通量均低于未预压时的渗透水通量，膜的渗透水通量主要受浓差极化、膜孔阻力及驱动压力等因素的影响。出现上述通量变化趋势，一方面可能是因为浸出液含有多种物质，组分相对复杂，在较高压力下预压一段时间后已经对膜造成了轻微的污染，表面形成凝胶层，进而使渗透水通量降低；另一方面，膜通量下降也和高压使膜结构发生变化有关。

4.3.2.2 稀土截留率随压力的变化

本节考察了预压（1.0MPa，30min）和未预压条件下，三种纳滤膜对稀土离子的截留能力随压力的变化，操作压力变化范围0.4~1.6MPa，温度为室温25℃，实验结果如图4-10~图4-12所示。

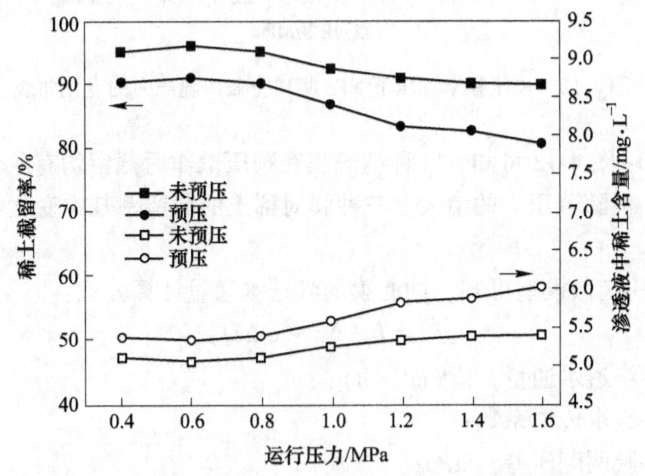

图4-10 预压和未预压下NF1膜稀土截留随压力变化的曲线

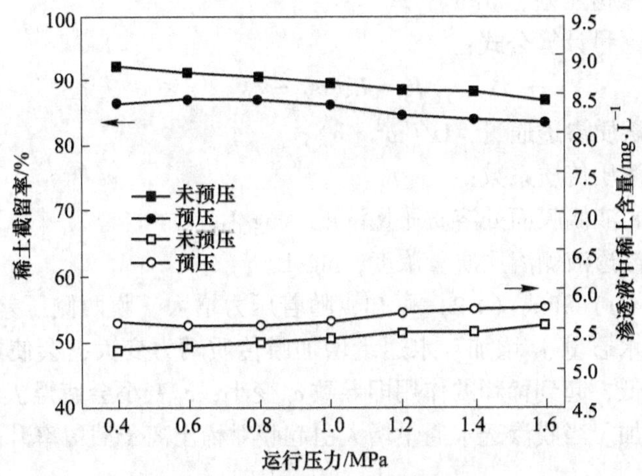

图4-11 预压和未预压下NF2膜稀土截留随压力变化的曲线

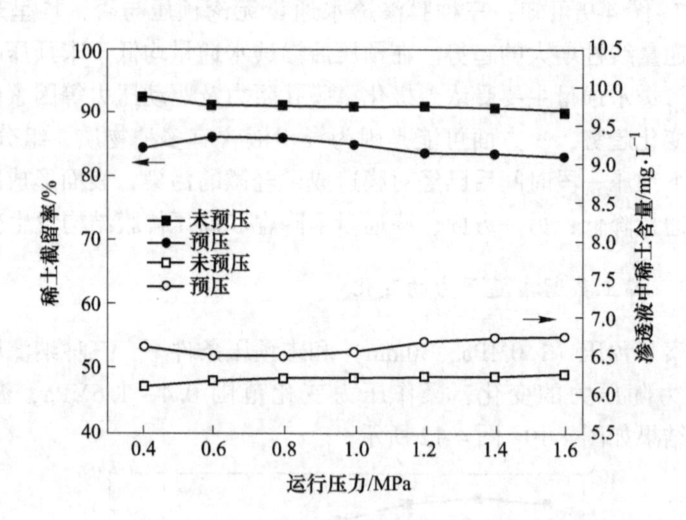

图 4-12 预压和未预压下 NF3 膜稀土截留随压力的变化曲线

由图 4-10~图 4-12 可知，三种纳滤膜在预压操作后截留均有所降低，降低量为 10%左右；但随着压力的增大，三种膜对稀土的截留率基本变化不大，波动范围在 5%左右。

依据溶解-扩散模型可知，纳滤膜的渗透水通量计算公式：

$$J_V = L_P(\Delta p - \sigma \Delta \Pi) \tag{4-4}$$

式中 J_V——渗透水通量，L/(m² · h)；

L_P——纯水传质系数；

Δp——膜两侧压差，MPa；

σ——反射系数；

$\Delta \Pi$——渗透压差，MPa。

溶质渗透通量计算公式：

$$J_S = L_S(c_M - c_P) \tag{4-5}$$

式中 J_S——溶质渗透通量，L/(m² · h)；

L_S——溶质传质系数；

c_M——料液侧膜面处溶质质量浓度，mg/L；

c_P——渗透液侧溶质质量浓度，mg/L。

根据式（4-1）和式（4-2）可知，随着压力增大，膜两侧压差 Δp 变大，则引起膜的渗透水通量 J_V 增加；水通量增加膜传质动力变大，会使透过液侧溶质的质量浓度降低，起到稀释的作用即导致 c_P 变小；c_P 变小会使得 J_S 值变大，即溶质渗透通量增加。当膜渗透水通量增大引起膜对稀土离子截留率升高的作用大于稀土离子渗透通量增加引起膜稀土截留降低的作用时，就表现为压力增大，截留升高，反之则表现为压力增大，截留降低。由实验得出的结果是压力增大，截留降低，即表现为，稀土离子通量增大的趋势占主导作用。预压操作后，膜截留迅速下降，可能是膜表面污染导致；此外膜孔结构的改变也会引起上述现象的发生。由此得出膜系统不必进行预压操作。

4.3.2.3 不同压力下膜通量随时间的变化

膜系统运行稳定需要一定的时间，不同种类的膜由于自身性能的不同可能稳定时间也会有所差异。本实验通过对比不同运行时间下的膜通量，以确定三种纳滤膜的运行稳定时间；同时通过改变压力，考察不同压力下系统稳定后膜的渗透通量，据此比较三种膜的耐污染性能。

由图 4-13~图 4-15 可知三种纳滤膜在不同压力下膜通量随时间的变化趋势。对比可知，在实验持续的 90min 内，三种纳滤膜在不同压力下通量随时间的变化较小，系统运行 90min 后的膜通量与运行 20min 后的数值相差不大，故取运行 20min 后的膜通量作为该压力下的通量值，以对膜的抗污能力进行评估。

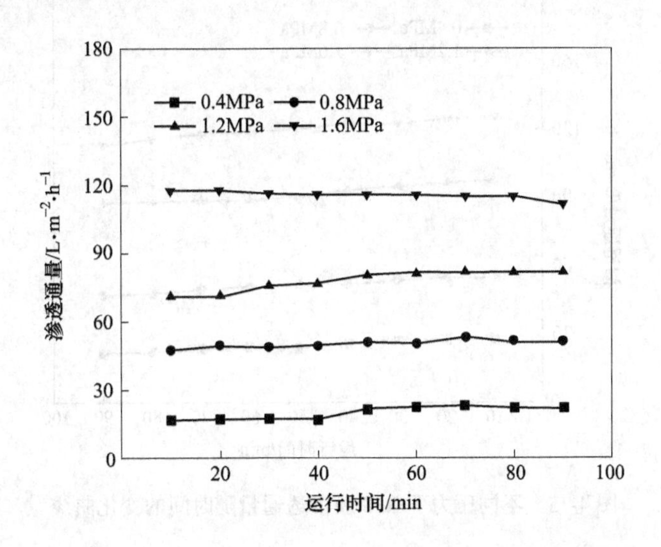

图 4-13 不同压力下 NF1 膜渗透通量随时间的变化曲线

对同一种膜而言，随着压力的增加，膜通量也相应的变大；同一运行时间下，当压力大于 1.2MPa 后，随着压力的增大，膜通量变化梯度较快。对三种膜来说，相同压力下，膜通量大小排序为 NF3>NF1>NF2；并且三种膜随着运行时间的延长，其水通量逐渐下降，这与无机盐等造成的膜面污染有关，污染导致体系渗透压变大，引起膜通量下降。但这种膜污染现象在实际应用中是不可避免

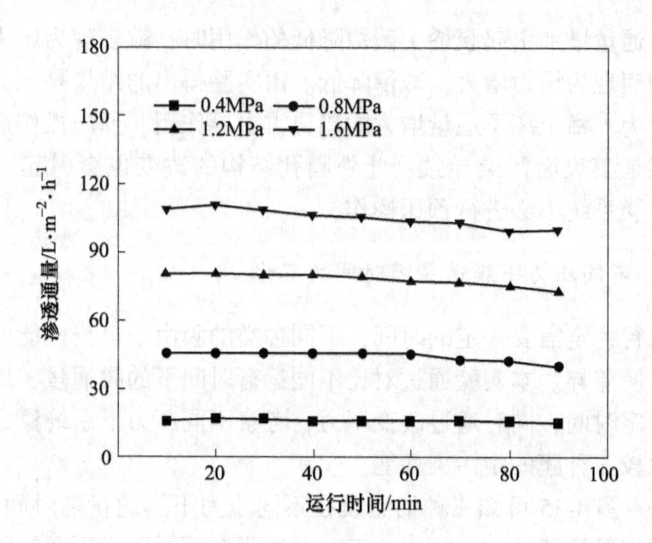

图 4-14 不同压力下 NF2 膜渗透通量随时间的变化曲线

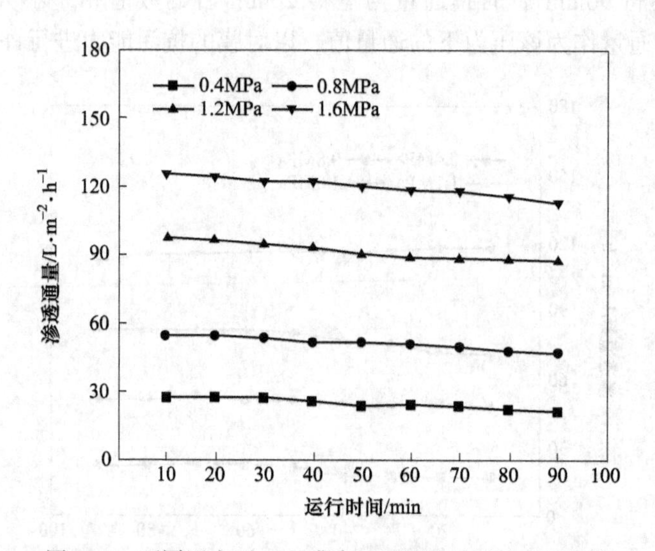

图 4-15 不同压力下 NF3 膜渗透通量随时间的变化曲线

的，后续可采取膜清洗措施予以恢复膜通量。

4.3.2.4 不同压力下膜对稀土截留率随时间的变化

本节考察了实验所用三种纳滤膜在 0.4~1.6MPa 的压力范围内，纳滤膜对稀土离子的截留率随时间的变化，结果如图 4-16~图 4-18 所示，在 4h 的运行时间内，三种纳滤膜截留率均保持在 85%以上；随着时间的变化，同一压力下膜截留率基本保持不变，截留效果稳定。

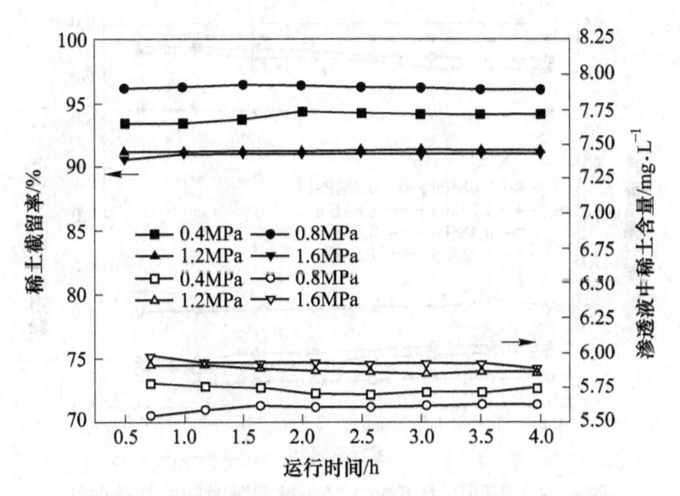

图 4-16　不同压力下 NF1 稀土截留随时间的变化曲线

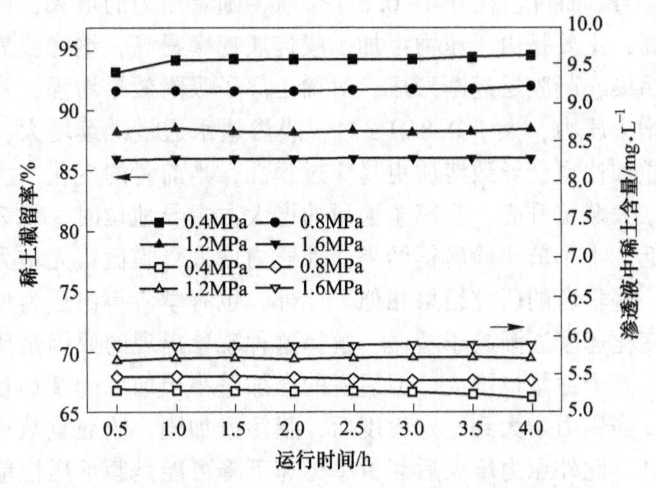

图 4-17　不同压力下 NF2 稀土截留随时间的变化曲线

对比可知，相同时间、压力下，NF1 膜截留率最高，NF2、NF3 膜次之，且截留效果相差不大。NF1、NF3 膜对稀土离子截留率呈先增加后降低的趋势，而 NF2 膜的稀土截留随着压力的增大呈下降趋势，这与膜表面浓差极化现象有关。随着压力的增大，NF1、NF3 截留率相应增加，在 0.8MPa 时达到最大值，且截留率分别为 96.5%、93%；当压力继续增大，截留率反而逐渐下降，在压力达到 1.6MPa 时，截留率最低，此时三种膜截留率均大于 85%，但截留率仍保持较高水平。由此可见，三种膜对稀土浸出液截留均表现出较好的截留效果。

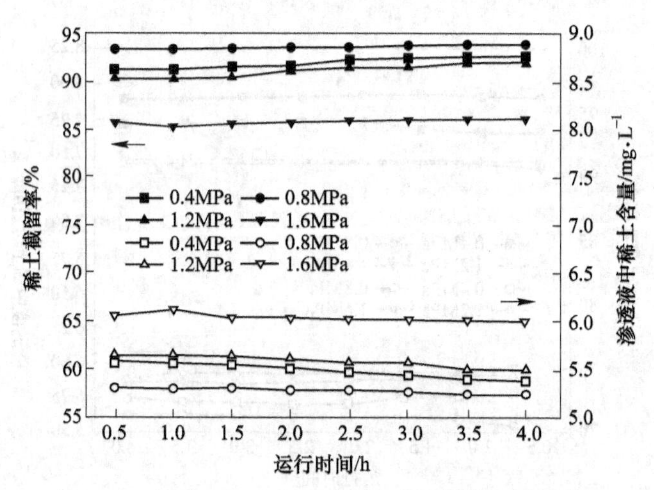

图 4-18　不同压力下 NF3 稀土截留随时间的变化曲线

对 NF1、NF3 而言，在 0.4~0.8MPa 时，随着压力的增大，截留率快速增加并达到最高，主要是由于压力增加，膜传质速率提高，纳滤膜表面开始出现一定程度的污染，凝胶层逐渐形成，对稀土离子吸附效果增强，从而使截留率增加；继续增大压力，大于 0.8MPa 时，膜渗透水通量继续增大，但通量增大的同时膜传质加快也会导致溶质更易穿过膜孔，当前者的变化占主导作用时就表现为压力增大截留升高；当离子通量的增大占主导地位时，就表现为通量增大，截留降低。本小节实验所得结果，即压力增大，膜截留先增大后呈减小的趋势，这与一些学者的研究结果相似。此外，也有学者得出压力增大，截留持续增加，但变化速率逐渐趋于缓慢，解释这种现象出现的原因是压力增大膜通量随之增大，离子通量也增大，但后者的增加量小于前者的增加量，总体表现为截留上升；当压力增大到一定程度后，膜污染加剧，膜通量减小，截留率表现为缓慢上升。此外压力增大后截留率迅速下降可能是膜承压性能不佳，出现高压改变膜结构，使膜结构发生改变所致。对 NF2 而言，随着系统运行时间的增加，膜对截留率逐渐下降，造成这种现象的原因可能是压力增大溶质的膜通量增加量大于膜渗透通量的增加量，从而使渗透液侧稀土浓度逐渐增大，引起稀土截留逐渐降低。

在实际应用中，在考虑处理效果的同时也要兼顾经济效益，因此，操作压力适宜范围为 0.4~0.8MPa。

4.3.3　pH 值的影响

纳滤膜区别于其他膜的重要特征在于其具有带电性，其膜表面或膜材料中带有的荷电基团，通过静电作用产生 Donnan 效应，从而实现不同价态离子的分离。

一般情况下，因纳滤膜表面荷电，故在其截留离子时可通过调节溶液 pH 值来控制膜处理效果，但有学者指出溶液 pH 值的改变也会导致纳滤膜所带的电荷发生变化，基于此，本研究进行了 pH 值对膜性能影响实验的测定。

本书所用纳滤膜均为聚酰胺材质，研究了 pH 值在其适宜范围内对渗透水通量和稀土截留效果的影响，结果见图 4-19。由图可知，pH 值改变对三种膜渗透水通量的影响不大，在实验 pH 值范围内膜通量基本保持不变。

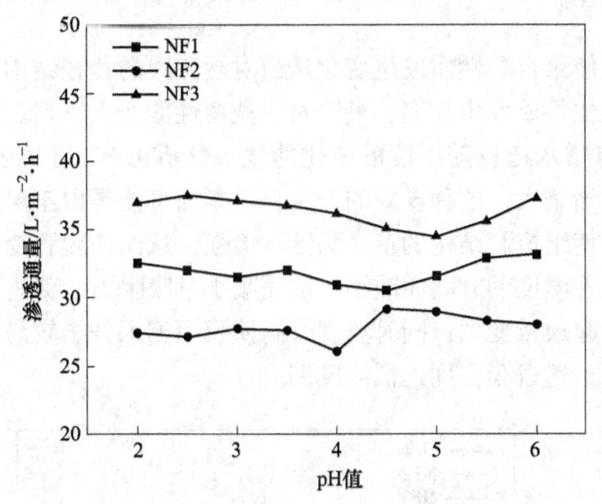

图 4-19 不同 pH 值下膜通量变化曲线

由图 4-20 可知，三种纳滤膜的截留率随着溶液 pH 值的变化也发生了变化。pH 值增加时，三种纳滤膜的截留率也随之快速增加，在 pH 值为 4 时，NF1 膜的截留率骤然下降，随后保持相对稳定，由此分析 NF1 膜的等电点在 4.0~5.0 之

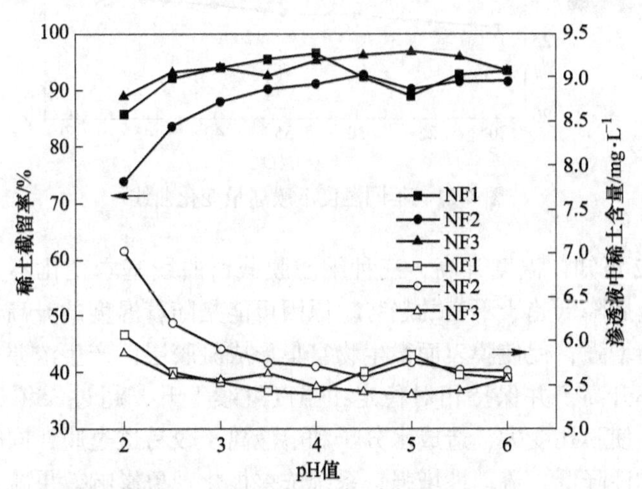

图 4-20 不同 pH 值下膜稀土截留率变化曲线

间，当溶液 pH 值高于等电点时，膜表面所带电荷可能发生转变，导致其对稀土离子的截留率相对降低；低于等电点时，膜对稀土离子截留率较高。类似地，可采用相同的方法来分析 NF2、NF3 膜的变化曲线，可知 NF2 等电点在 4.5～5.0 之间，NF3 等电点在 3.0～3.5 之间。对 NF3 而言，当 pH 值大于等电点时，对稀土截留率开始逐渐上升，可能和溶液中稀土离子形成络合物在膜面聚集有关。

4.3.4　温度的影响

温度既可能使聚合物性质发生变化从而对纳滤膜的孔径结构产生影响，又会使反应溶液的理化性质发生改变，最终对膜截留性能产生影响。

图 4-21 为渗透水通量随温度的变化曲线，分析可知，三种膜渗透水通量随着温度的升高逐渐增大。这种现象的产生，一方面可能是由于温度升高导致膜孔结构发生改变，使组成膜结构的聚合物活性增强，从而使膜孔变大；另一方面可能是溶液黏度随着温度的升高而减小，从而减小过膜阻力，促进膜表面分子的扩散传递作用，引起通量变大；同时温度升高使膜两侧水分子较易对流扩散，从而使更多的溶剂分子透过膜孔到达低浓度侧。

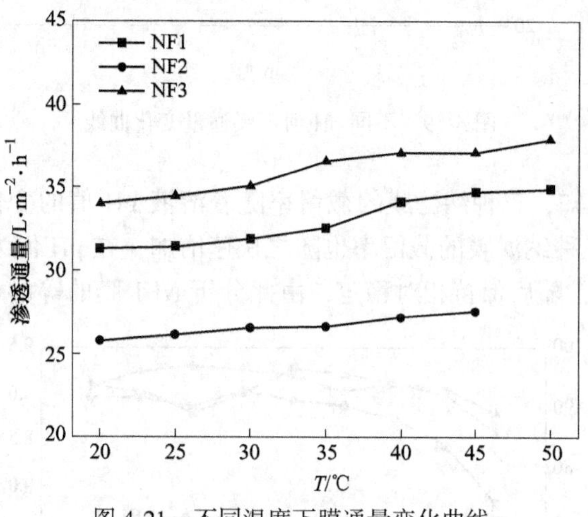

图 4-21　不同温度下膜通量变化曲线

由图 4-22 可知，温度升高，三种纳滤膜截留曲线基本变化不大，略呈现出先升高再稳定后降低趋于不变的趋势。原因可能是随着温度的升高，样品溶液中的微生物活性增强，促使膜表面微生物富集形成凝胶层，产生浓差极化现象，从而导致截留率升高，并保持相对稳定；温度继续上升，超过 35℃，会影响膜组成物质结构，使膜孔变大，造成水分子和溶液离子较易透过膜，同时温度的升高也促使溶液黏性降低，流动性增强，系统浓差极化现象影响效果减弱，最终导致截留效果降低。

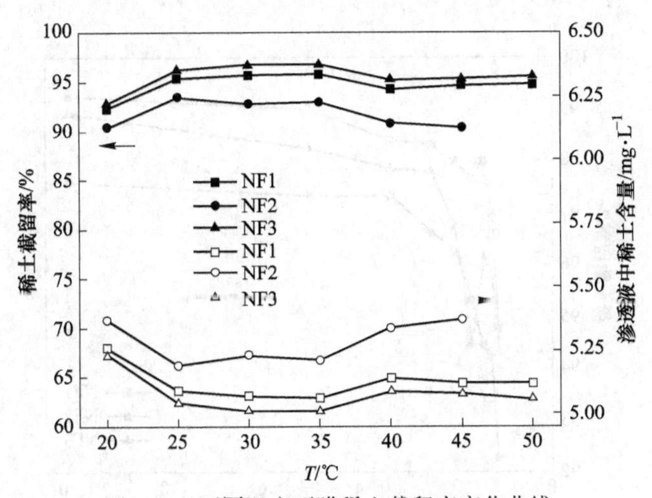

图 4-22 不同温度下膜稀土截留率变化曲线

综合两图可得，实际应用中的适宜温度范围为 25~30℃，如若单方面追求高通量，不仅会使纳滤膜截留率降低，渗透液中离子含量增高，同时过高的温度也会加速膜片的衰老，缩短其使用寿命，从而增加了投资成本。

4.3.5 体积浓缩因子的影响

分别对三种膜进行纳滤浓缩实验，实验过程无回流，渗透液收集于大烧杯中，以研究不同浓缩倍数下，膜通量与膜截留率的变化。根据测得的实验数据，以样品溶液体积浓缩因子为横坐标，分别以渗透液水通量、稀土离子截留率为纵坐标绘制如图 4-23 和图 4-24 所示的曲线。

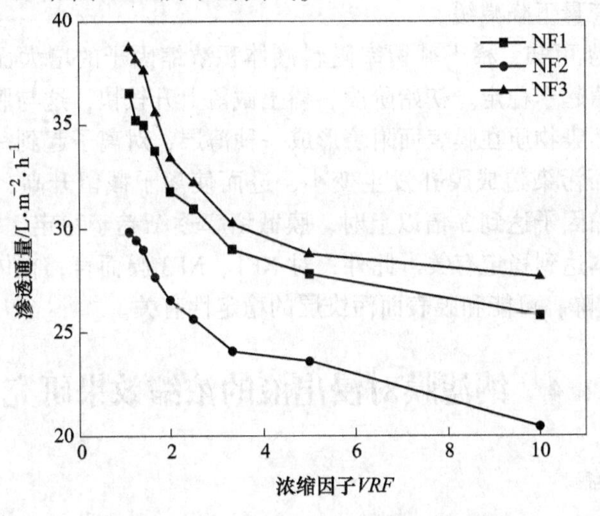

图 4-23 不同浓缩因子下膜通量变化曲线

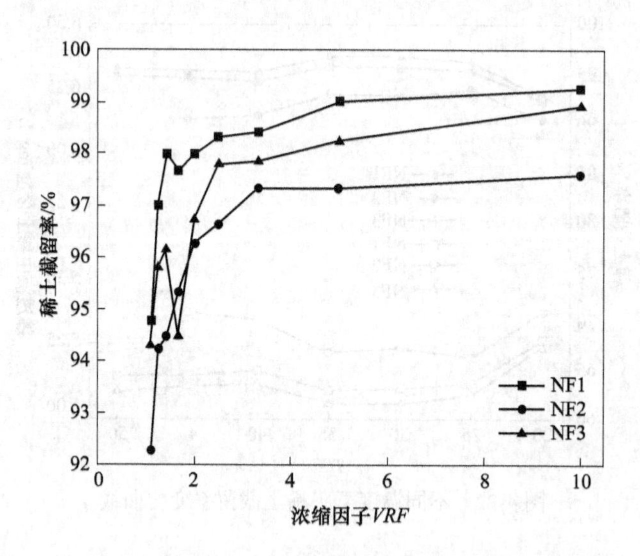

图 4-24　不同浓缩因子下膜对稀土的截留率变化曲线

分析图 4-23，可知随着体积浓缩因子的增加，三种膜通量均快速下降，在 *VRF* 达到 3.333 时通量下降趋于平缓，随后膜通量持续缓慢下降。

通量开始时下降较快，原因是料液中物质首先在膜表面及其周围聚集，并迅速形成凝胶层，增大膜的传质阻力，导致膜通量下降；另一方面随着体积浓缩倍数的增加，料液中物质浓度逐渐变大，其中各种盐类开始逐渐析出沉淀，并在膜表面沉积结垢，进一步加大了通量阻力，使通量减小。当膜污染已经形成，膜系统各力学特性基本趋于稳定，随着浓缩倍数的增加，膜表面通量受到的影响开始减弱，表现为通量下降减缓。

分析图 4-24 可知，稀土截留率随料液体积浓缩因子的增大而增加，最后截留率达到一定值趋于稳定。初始阶段，稀土截留上升较快，这与膜表面开始形成凝胶层有关，污染物质在膜表面附着形成一种薄层，对离子起到一定的吸附截留作用，另一方面污染造成膜孔发生变小，进而使离子截留升高；随着实验的进行，在体积浓缩因子达到 3 倍以上时，膜截留率逐渐趋于稳定，基本变化不大，这与凝胶层基本达到稳定有关。此外，对 NF1、NF3 膜而言，在体积浓缩因子为 1.667 时截留下降，可能和膜表面污染层的稳定性有关。

4.4　纳滤膜对浸出液的浓缩效果研究

4.4.1　稀土浓缩

选定操作压力为 0.6MPa，温度为 25℃的操作条件进行稀土浓缩实验，经过

270min 的浓缩，使料液体积浓缩为原来的 10 倍，通过 EDTA 滴定测出稀土含量，并整理列出不同体积浓缩因子下浓缩液、渗透液中稀土浓度及相应的稀土损失量变化参数等，具体见表 4-6。

表 4-6 稀土浓缩过程中相应的参数值

VRF	*V*/mL		*c*/g · L⁻¹		损失量/mg · L⁻¹	膜片
	浓缩液	渗透液	浓缩液	渗透液		
1.111	900	90	0.2422	0.0078	0.0077	NF1
		92	0.2229	0.0172	0.0242	NF2
		91	0.2297	0.0131	0.0185	NF3
1.25	800	188	0.2622	0.0078	0.0151	NF1
		190	0.2417	0.0139	0.0304	NF2
		188	0.2479	0.0104	0.0261	NF3
1.429	700	285	0.2922	0.0059	0.0202	NF1
		288	0.2672	0.0148	0.0351	NF2
		286	0.2753	0.0106	0.0307	NF3
1.667	600	383	0.3327	0.0078	0.0238	NF1
		386	0.2997	0.0140	0.0412	NF2
		385	0.3110	0.0172	0.0332	NF3
2	500	481	0.3900	0.0078	0.0276	NF1
		483	0.3456	0.0129	0.0474	NF2
		483	0.3705	0.0121	0.0353	NF3
2.5	400	579	0.4722	0.0078	0.0330	NF1
		581	0.4222	0.0142	0.0493	NF2
		581	0.4429	0.0097	0.0436	NF3

续表 4-6

VRF	V/mL		c/g·L⁻¹		损失量/mg·L⁻¹	膜片
	浓缩液	渗透液	浓缩液	渗透液		
3.333	300	676	0.6122	0.0097	0.0362	NF1
		678	0.5522	0.0146	0.0508	NF2
		677	0.5600	0.0120	0.0503	NF3
5	200	774	0.8122	0.0078	0.0579	NF1
		775	0.6922	0.0183	0.0738	NF2
		774	0.7071	0.0123	0.0755	NF3
10	100	870	1.2210	0.0089	0.0966	NF1
		872	0.9922	0.0238	0.1064	NF2
		871	1.1122	0.0118	0.1049	NF3

由表 4-6 可以看出，随着料液体积的不断浓缩，三种膜的浓缩液侧稀土浓度逐渐变大，渗透液稀土浓度因膜种类的不同而有所不同，但单种膜渗透液中稀土含量基本保持不变；而稀土损失量却随着浓缩倍数的增加而不断增大。由此得出纳滤浓缩稀土过程中浓缩液、渗透液及稀土损失量的变化曲线，见图 4-25～图 4-27。

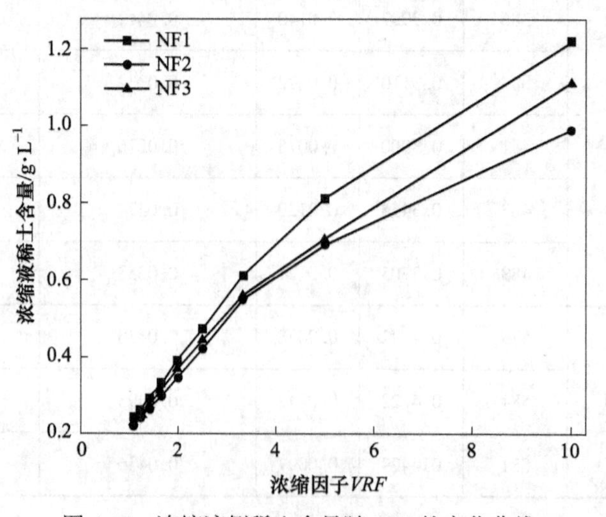

图 4-25　浓缩液侧稀土含量随 VRF 的变化曲线

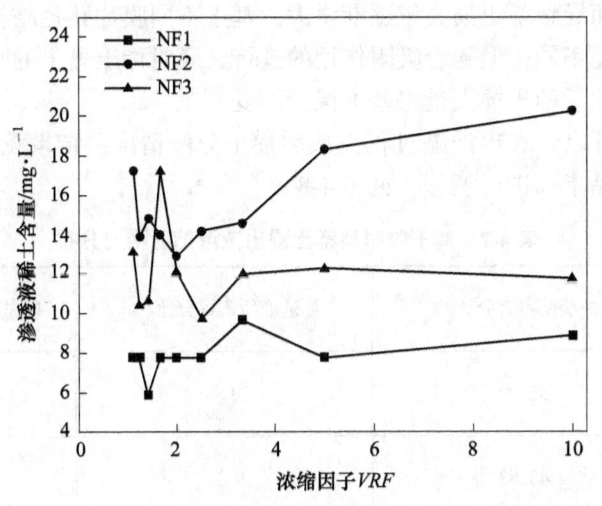

图 4-26 渗透液侧稀土含量随 *VRF* 的变化曲线

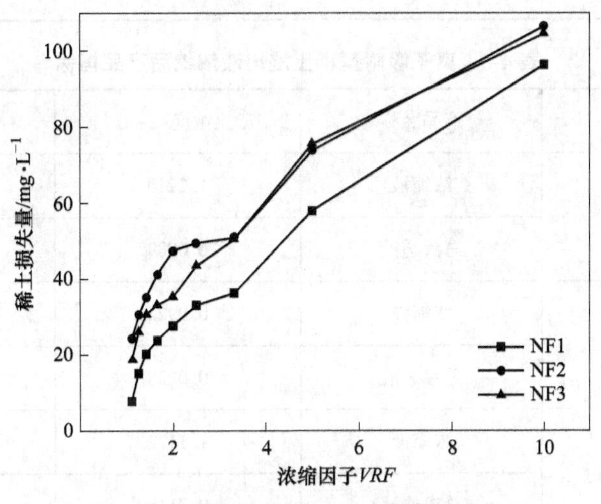

图 4-27 稀土损失量随 *VRF* 的变化曲线

产生如图 4-25~图 4-27 所示变化曲线的原因主要是，*VRF* 增大，进料侧溶液体积变小，溶质过膜能力一定，溶液体积被浓缩，从而使溶液浓度增加；浓缩过程中溶液中其他物质会在膜表面吸附聚集形成污染薄层即凝胶层，对离子起到一定的截留作用，污染形成后使膜的截留能力达到稳定，加上每种纳滤膜的膜孔都有其独特的结构，由于压力恒定，对膜孔结构的改变造成影响较小，膜孔的截留效果也没有太大变化，最终使过膜稀土质量浓度基本稳定；浓缩过程中稀土损失量不断增大，这与膜面吸附作用有关，通常纳滤膜荷负电，稀土离子带正电荷，根据异性相吸的原理，膜会对稀土离子产生吸附作用，使离子进入到膜孔或吸附在膜表面，从而导致稀土损失量逐渐增大，基于不同膜片孔径结构而异，故对稀土吸附量也因此不同，但随着吸附作用的进行，膜对稀土离子的吸附会达到一定的饱和状态，此后稀土损失量将基本保持不变。

由表 4-6 可以计算出浓缩过程完成后稀土分配情况，结果见表 4-7，同时对最终的浓缩产品指标进行汇总，见表 4-8。

表 4-7 离子吸附型稀土浸出液浓缩后稀土分布

膜片	浓缩液所占百分比/%	渗透液所占百分比/%	损失量所占百分比/%
NF1	53.93	3.4	42.67
NF2	43.83	9.17	47.00
NF3	49.13	4.54	46.33

表 4-8 离子吸附型稀土浸出液浓缩后产品指标

膜片种类	产品名称	稀土浓度/$g \cdot L^{-1}$	所占体积/%
NF1	浓缩液	1.2210	10.00
	总渗透液	0.0089	87.00
NF2	浓缩液	0.9922	10.00
	总渗透液	0.0238	87.20
NF3	浓缩液	1.1122	10.00
	总渗透液	0.0118	87.10

原液 $V=1L$，稀土含量 0.2264g/L。由以上两表可知，料液体积浓缩 10 倍后，三种膜浓缩液中稀土质量浓度分别为 1.221g/L、0.9922g/L、1.1122g/L，稀土浓度分别为原来的 5.39 倍、4.38 倍与 4.91 倍，表现了较好的浓缩效果，NF1 膜浓缩效果最好，对稀土回收率可达 53.93%。

4.4.2 氨氮浓缩

用紫外分光光度计对所取试样进行氨氮含量分析测定，膜前、后氨氮含量对比图见图 4-28。根据所得数据以曲线图的形式绘制了氨氮截留曲线、氨氮浓缩倍数曲线及渗透液中氨氮含量变化曲线，如图 4-29～图 4-31 所示。

a

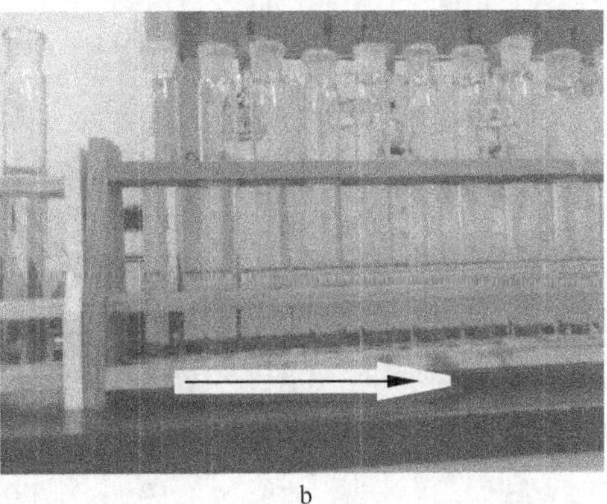
b

图 4-28 不同 *VRF* 下膜前、膜后氨氮含量对比图

a—浓缩液侧；b—渗透液侧

（箭头所指方向 *VRF* 递增）

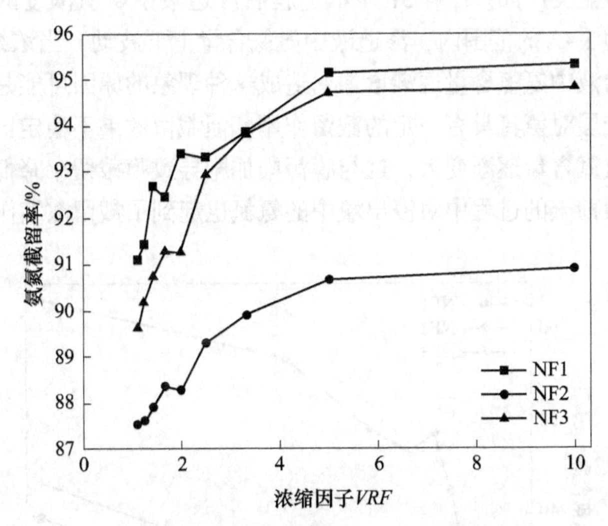

图 4-29 氨氮截留效果随 *VRF* 的变化曲线

通过图 4-28 可以较为直观地看到经过纳滤浓缩后，浸出液中的氨氮含量明显降低，且被浓缩截留；分析图 4-29 可知，随着溶液体积的浓缩，三种纳滤膜对氨氮的截留效果均随着 *VRF* 的增加而快速升高，达到一定程度后趋于稳定，截留最高约为 95%，膜 NF2 的截留性能相对低一些，对氨氮的截留在 87%～91%之间，膜 NF1、膜 NF3 氨氮截留效果相差不大，均保持在约 90%以上。

在图 4-30 中，膜前浓缩液中氨氮浓度随着体积浓缩倍数的增加而逐渐增大，

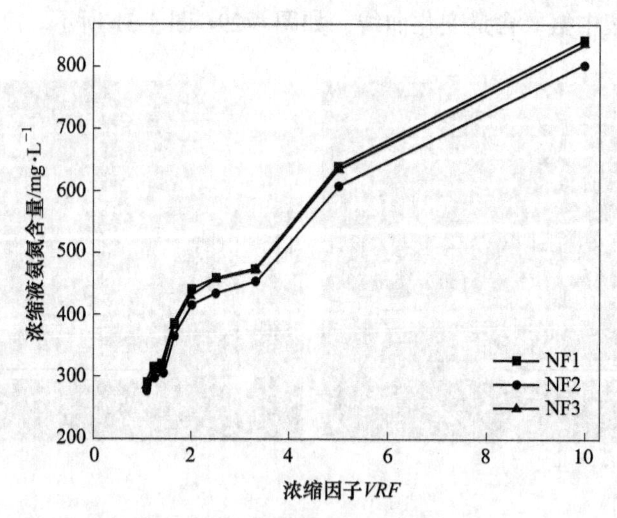

图 4-30　氨氮浓缩效果随 *VRF* 的变化曲线

说明了纳滤膜对料液中氨氮起到了截留浓缩作用，该浓缩液可经直接蒸发结晶以提取回收其中的氨盐类产品。图 4-31 显示了膜后渗透液中氨氮浓度的变化趋势，在体积浓缩因子为 1~3 的范围内，渗透液中氨氮含量上下波动，当浓缩液体积达到 3 倍以上时，渗透液中氨氮含量逐渐增加，造成这种现象的原因可能是溶液体积浓缩膜表面形成凝胶层对氨氮具有一定的截留作用，但截留效果不稳定；当 *VRF* 大于 3 后，渗透液中氨氮含量逐渐变大，这与膜污染加剧导致膜截留率降低有关。总体来讲，纳滤在截留稀土的过程中对浸出液中的氨氮也起到了截留浓缩作用。

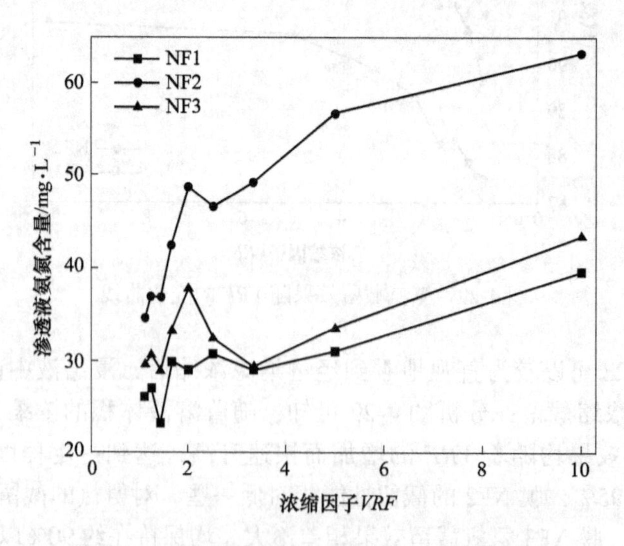

图 4-31　渗透液中氨氮含量随 *VRF* 的变化曲线

此外，通过对离子吸附型稀土浸出液浓缩过程取样采用ICP测定原料液中Ca^{2+}、Mg^{2+}、Mn^{3+}、Zn^{2+}杂质元素含量的变化，来判断纳滤对杂质元素的截留效果（见表4-9）。

表4-9 浓缩前与浓缩后浸出液中杂质含量对比

指标	Ca	Mg	Mn	Zn
稀土浸出液	285.6	190.2	3.17	2.86
总渗透液	67.30	37.81	<0.50	<0.50
浓缩液	>1000.00	>1000.00	71.25	39.60

对比原始稀土浸出液和浓缩液中杂质元素的含量可知，纳滤处理过程中大部分的杂质元素也迁移到了浓缩液中。针对这种情况，可以对浓缩液进行再次沉淀除杂，去除金属离子，以提高稀土产品质量。

4.5 膜污染及清洗

膜污染是膜技术应用中不可避免的问题，它的产生也得到了广大学者的关注，关于膜污染的解决，国内外学者从污染机理分析及污染解决方案确定等角度进行了大量的研究，但由于使用膜种类不同、造成膜污染的物质种类不同及膜污染现象的复杂性，仍没有得到具体统一的膜污染机理模型。通常产生的膜污染包括微生物污染、有机物污染及无机物污染，其中有机物污染是实际工程中最常出现的污染种类，根据膜装置产水率、出水水质、膜的压降这三个指标，可判断膜系统是否已产生污染。针对已产生的污染可采取物理冲洗、化学法及物理化学法，工程实践中污染清洗常采用物理冲洗与化学剂清洗结合，此外，定期进行膜系统维护、检修及物理冲洗等，可预防污染现象的发生，同时延长膜的使用寿命。常用化学清洗剂，如2%柠檬酸+氨水（pH=4）可去除碳酸盐及金属胶体，0.1%EDTA+NaOH（pH=11.9）去除二氧化硅、有机物等污染物，此外，还包括化学氧化剂0.1% H_2O_2、0.1%酸性高锰酸钾，及去除蛋白质累积层的表面活性剂Tween-80、SDS、大豆磷脂等。本实验选用第4章稀土浓缩过程中浓缩倍数最高的纳滤膜NF1进行污染清洗研究，通过物理清洗正交试验，确定清洗时各操作因素对膜通量恢复率的影响程度；化学清洗选用不同清洗剂，对比清洗效果，选出适用于此类膜污染的清洗剂。

4.5.1 方法与步骤

本章实验需要使用的是污染膜片，故将纳滤膜NF1在1.2MPa下长时间运行，直到膜渗透水通量稳定并开始出现通量下降趋势时停止污染实验。各个阶段纯水通量测量具体操作如下。

(1) 测定新膜的纯水通量（J_0）：反应条件 $T=25℃$，$p=0.6\mathrm{MPa}$，记录系统运行 20min 后产生 20mL 透过液所用的时间，利用膜通量计算公式算出膜纯水通量。

(2) 测定污染后膜的纯水通量（J_{fw}）：将已污染膜片装进膜组件中，测定其在 0.6MPa 下的纯水通量，方法同上。

(3) 测定清洗后膜的纯水通量（J_w）：采用不同的清洗剂和清洗方法对膜进行清洗，清洗结束后，分别测定清洗后膜片的纯水通量，方法同上。

4.5.2　物理清洗正交试验

本实验设计采用三因素三水平，因素选用清洗过程中的清洗压力、清洗时间及清洗流量，水平选用清洗压力分别为 0.2MPa、0.6MPa、1.0MPa，清洗时间分别为 20min、40min、60min，清洗流量分别为 120L/h、180L/h、240L/h。

根据正交试验方案进行实验，最后通过膜通量恢复率计算公式，得出不同方案下的膜通量恢复率，从而确定物理清洗时操作因素对清洗效果的影响程度。

膜通量恢复率计算公式

$$WFR=\frac{J_w-J_{fw}}{J_0-J_{fw}} \tag{4-6}$$

式中　WFR——膜通量恢复率，%；

J_0——污染前膜纯水通量，$\mathrm{L/(m^2 \cdot h)}$；

J_w——污染后膜纯水通量，$\mathrm{L/(m^2 \cdot h)}$；

J_{fw}——清洗后膜纯水通量，$\mathrm{L/(m^2 \cdot h)}$。

物理清洗正交试验结果见表 4-10。

表 4-10　物理清洗正交试验结果

实验序号	清洗压力/MPa	清洗时间/min	清洗流量/$\mathrm{L \cdot h^{-1}}$	膜通量恢复率/%
1	0.2	20	120	50.5
2	0.2	40	180	75.1
3	0.2	60	240	85.7
4	0.6	20	180	65.2
5	0.6	40	120	60.1
6	0.6	60	240	75.3
7	1.0	20	240	40.2
8	1.0	40	120	43.5
9	1.0	60	180	50.7

续表 4-10

实验序号	清洗压力/MPa	清洗时间/min	清洗流量/L·h^{-1}	膜通量恢复率/%
均值 1	70.43	51.97	51.37	
均值 2	66.87	59.57	63.67	
均值 3	44.80	65.03	67.07	
极差	25.63	13.06	15.70	

由正交试验分析表可知，通过比较极差大小，得出对清洗压力对膜清洗效果影响最大，其次为清洗流量，相对影响最小的是冲洗时间。清洗的最佳条件是：$p=0.2$MPa，$Q=240$L/h，$T=60$min。在较低压力下可取得较好的膜通量恢复率，这个与清洗时间影响不大。当压力为 1.0MPa 时，相比于低压操作，此时膜通量恢复率并没有随着压力的增大而增加，符合了膜清洗低压高流量的规律。经过试验测定该条件下膜清洗后通量恢复率最高可达到 83.5%。

4.5.3 化学清洗实验

所用化学清洗剂选用盐酸和柠檬酸，测定清洗时间范围为 5~60min，记录不同清洗时间下的膜通量，通过膜通量恢复率计算公式，得出化学清洗后的膜通量恢复率，对比两种清洗剂效果，确定最佳清洗剂。

本实验所用清洗剂浓度分别为盐酸 0.1%，柠檬酸 2%。清洗实验中操作压力为 0.2MPa，清洗流量为 240L/h。实验结果如图 4-32 所示。

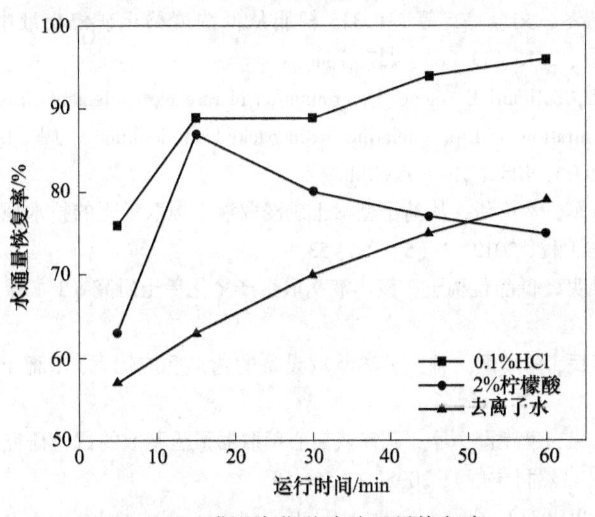

图 4-32 膜污染化学清洗通量恢复率

由图 4-32 可知，盐酸对膜污染起到很好的去除效果，清洗开始 15min 后膜通量恢复率即可达到约 90%，清洗 1h 后即可使膜通量恢复到原来通量的 96%，表现出很好的去污效果，是因为盐酸清洗反应物不会对膜面造成二次污染；去离子水对膜清洗效果缓慢。

柠檬酸虽然在清洗开始的 15min 内使膜通量快速的恢复到污染前通量的 87%，但是之后清洗效果逐渐下降，清洗 1h 后膜通量恢复率下降到 75%，主要是由于刚开始时柠檬酸和膜上的金属离子（Ca^{2+}、Zn^{2+}）等发生反应，使膜面污染物减少，膜污染减轻；但当反应生成物柠檬酸钙、柠檬酸锌等对膜面造成的污染大于因原污染物减少而使膜通量恢复的程度时，就会导致膜通量恢复率呈下降趋势，出现如图 4-32 所示的曲线。

去离子水对膜通量恢复率的影响效果较慢，虽然随着清洗时间的增加，膜通量恢复率呈上升趋势，但经过 1h 的膜清洗后膜通量恢复率仅达到 80%，清洗过程较为缓慢。

综上，盐酸更适合此类离子吸附型稀土浸出液所引起的膜污染的清洗，且清洗时间 60min 为宜。

参 考 文 献

[1] 李永绣，何小彬．$RECl_3$ 与 NH_4HCO_3 的沉淀反应及伴生杂质的共沉淀行为［J］．稀土，1999，20（2）：19~22.

[2] 黄礼煌．稀土提取技术［M］．北京：冶金工业出版社，2006.

[3] 黄万抚，李新冬，文金磊，等．HD325 树脂从低浓度稀土矿浸出液中回收稀土的研究［J］．稀有金属，2015，39（8）：727~734.

[4] Zhu Y，Itoh A，Fujimori E，et al. Determination of rare earth elements in seawater by ICP-MS after preconcentration with a chelating resin-packed minicolumn［J］. Journal of Alloys & Compounds，2006，408（2）：985~988.

[5] 罗仙平，钱有军，梁长利．从离子型稀土矿浸取液中提取稀土的技术现状与展望［J］．有色金属科学与工程，2012，3（5）：50~53.

[6] 池汝安，徐景明．低品位稀土矿浸出液萃取生产氯化稀土研究［J］．稀土，1994（6）：8~16.

[7] 公锡泰，鲍卫民，何培炯．稀土分离萃取设备的选择和应用［J］．稀土，1995（2）：65~69.

[8] 王幼民，唐铃凤，唐凌霄，等．圆筒式离心萃取器稀土萃取的试验研究［J］．安徽工程科技学院学报（自然科学版），2005，1：56~59.

[9] Mullen M D，Wolf D C，Ferris F G，et al. Bacterial sorption of heavy metals［J］. Applied & Environmental Microbiology，1990，55（12）：3143~3152.

[10] Pertiwiningrum A，Ino Y，Suzuki T，et al. Distribution of ytterbium（Yb）in cells of Streptomyces sp. YB-1 which can accumulate Yb，and reusability of cells and cell membrane as

bioadsorbent for Yb [J]. Journal of Bioscience & Bioengineering, 2004, 98 (3): 214~216.

[11] Kamijo M, Suzuki T, Kawai K, et al. Accumulation of yttrium by Var iovorax paradoxus [J]. Journal of Fermentation & Bioengineering, 1998, 86 (99): 564~568.

[12] Takahashi Y, Châtellier X, Hattori K H, et al. Adsorption of rare earth elements onto bacterial cell walls and its implication for REE sorption onto natural microbial mats [J]. Chemical Geology, 2005, 219 (1): 53~67.

[13] 尹敬群. 风化壳淋积型稀土矿浸出液中稀土离子的微生物吸附研究 [D]. 南昌: 南昌大学, 2012.

[14] 杨兴涛. 纳滤处理电镀废水实验研究 [D]. 天津: 天津大学化学工程学院化学工程系, 2006.

[15] Yamauchi A, Shin Y, Shinozaki M, et al. Membrane characteristics of composite collodion membrane IV. Transport properties across blended collodion/Naf ion membrane [J]. Journal of Membrane Science, 2000, 170: 1~7.

[16] Murthy Z V P, Chaudhar I L B. Application of nanofiltration for the rejection of nicked ions from aqueous solutions and estimation of membrane transport parameters [J]. Journal of Hazardous Materials, 2008, 160: 70~77.

[17] Zhong C M, Xu Z L, Fang X H, et al. Treatment of Acid Mine Drainage (AMD) by Ultra-Low-Pressure Reverse Osmosis and Nanofiltration [J]. Environmental Engineer ing Science, 2007, 24 (9): 1297~1306.

[18] 薛罡, 刘亚男, 何圣兵. 纳滤膜处理污染地下水的运行影响因素研究 [J]. 中国给水排水, 2006, 22 (3): 24~27.

[19] Dalwania M, Benes N E, Bargeman G. Effect of pH on the performance of polyamide/polyacry based thin film composite membranes [J]. Journal of Membrane Science, 2011, 372: 228~238.

[20] 章丽萍, 鲁雪梅, 高振凤, 等. 反渗透污染膜水通量迁移方程的改进及应用研究 [J]. 水处理技术, 2010 (1): 64~66.

[21] 刘蕊, 班允鹤, 孙大为, 等. 纳滤膜污染机理及清洗技术 [J]. 辽宁化工, 2014, 43 (11): 1401~1403.

5 改性纳滤膜在离子吸附型稀土浸矿尾水的应用

5.1 引 言

稀土资源在各国发展中占有至关重要的地位，而且在全球的分布也极为不均匀。我国是拥有多数世界已知稀土资源的国家，我国南方的离子吸附型稀土是我国稀土资源重要的组成部分，特别是江西的离子吸附型稀土矿。然而近40年来，在追求高速经济发展的同时，江西离子吸附型稀土开采过度，在浸矿过程中只注重高浓度浸出液，而浸矿后期的低浓度浸矿尾水中稀土元素一直未受关注，且残留的稀土离子也会对环境产生较为严重的破坏。

5.1.1 浸矿尾水的来源及危害

目前离子吸附型稀土矿开采主要有池浸、堆浸和原地浸矿三种工艺，池浸工艺主要是将稀土矿石搬运到浸矿池，向池中添加配置好的电解质溶液（洗提剂），通过洗提剂中的离子将稀土离子交换出来，再通过加水将稀土离子提取出来。在不断加水过程中，矿石中的稀土离子的含量也会越来越低，为方便矿渣的堆放，必须确保矿渣中的稀土离子浓度足够低，因此后期的加水形成的浸液便为尾水。堆浸工艺与池浸工艺相似，是将采好的矿石运到事先建筑好的堆浸场进行稀土浸出，具体过程表现为渗透→扩散→交换→再扩散→再渗透。同样，为降低矿渣中稀土离子对周围环境的破坏，需注液降低稀土离子的浓度，形成尾水。原地浸矿可以在矿山上直接浸取稀土，通过向挖掘的注液孔内添加浸矿剂，浸矿剂通过矿体裂缝均匀扩散，达到离子交换的效果，再通过下方收液系统进行母液回收。原地浸矿是直接在地下的工艺，如果残留地内浸出液稀土离子浓度较大，很容易影响周边环境，为保护环境所产生的尾水量最大。三种工艺所产生的尾水水量大，如果不对其中的稀土离子进行处理便排放出去，会对环境造成不可恢复的破坏；但由于尾水存在稀土离子浓度低，杂质离子浓度高的特点，对尾水中稀土离子的回收又很难解决，因此需要合适的提取工艺。

5.1.2 化学沉淀法

化学沉淀法是向重金属尾水中投加中和剂或硫化剂（石灰，硫化钠等），使尾水中的重金属离子形成氢氧化物或硫化物沉淀而与水分离。耿春香等采用化学沉淀法去除有机酸废水中铝的去除率可以达到96%以上。柳健等也就此方法对含铅废水进行处理，除形成 $Pb(OH)_2$ 沉淀外还有其他难溶盐的形成，在吸附和沉淀的双重作用下，Pb^{2+} 去除较完全。化学沉淀法工艺流程少，处理综合成本低，至今还可用于矿山尾水的处理。但是其需要使用大量的化学药剂，药剂在残渣中含量高，容易造成二次污染。

5.1.3 人工湿地法

人工湿地法指利用天然湿地生态系统，通过物理、生物、化学的协同作用净化废水，将土壤、砂石、特定的植物等通过人工组合模拟天然湿地，以达到净化污水的目的。该方法为综合处理方法，治理效果明显，并且环保无二次污染，但是前期需要人工量大，占地面积大和花费时间长，并且植物吸收后的重金属离子无法回收再利用，不适用于如今快速发展的稀土矿开采工业。

5.1.4 微生物法

微生物法指利用微生物的生理生化特性来处理矿山废水的过程。李福德等使用生物法处理废水中的金属离子，被处理后的水中的 Cr^{6+}，以及总 Cr、Zn、Ni 等重金属离子的浓度达到国家标准。康得军等使用微生物去除污泥中的重金属，取得较好的效果，并且总结此方法的优点为高效、低成本和无环境污染。但这一方法存在明显缺点，微生物培养需要一个长期和复杂的过程，微生物对金属离子的吸收具有选择性。要想此方法用于稀土尾水处理，得发现对稀土无选择性吸收的微生物才行，并且此方法也不能将吸收的金属离子再利用。

5.1.5 浸矿尾水中稀土富集问题

以上各方法均为目前最为主流的稀土富集方法，且都具有应用于浸矿尾水中的优势，但一方面要考虑其对环境的影响，要做到处理后能够达到标准排放，另一方面也要考虑稀土离子的回收再利用。因此，需要更加简单、高效、环保和对离子有回收效果的方法。纳滤膜技术是近年兴起的新型分离技术，其优势显著，在各行业均有广泛的应用，因此，应用纳滤膜技术来富集浸矿尾水中稀土离子预期效果显著。

5.2 氧化石墨烯改性纳滤膜在离子吸附型稀土浸矿尾水的应用

氧化石墨烯（GO）其结构为单一的碳原子层组成的平面薄膜，最早制得单层氧化石墨烯的科学家是英国科学家。氧化石墨烯是经石墨片层剥离氧化而来的，氧化过程中石墨的碳原子杂化状态发生改变，最终氧化石墨烯的边缘及内部存在多种且具有较强的亲水性的含氧官能团，如羧基(—COOH)、羟基(—OH)等。氧化石墨烯具有较大比表面积和较好的机械强度、亲水性及分散性的优点得益于其层状结构，将氧化石墨烯应用于膜分离技术有较好的应用前景。

纳滤膜与孔径更小的反渗透膜相比，两种虽都属于压力驱动膜，但纳滤膜所需的压力驱动力更小，且分离性能更好，在一定程度上可降低成本，综合纳滤膜的优良性能，将其普遍应用于水处理领域，而纳滤膜的易污染和通量较难达到使用要求的缺陷，限制了其更加广泛的应用，所以对纳滤膜进行改性处理成为一种重要且创新的研究。Belfer 等采用以甲基丙烯酸乙二醇酯为改性材料，通过接枝改性的手段对纳滤膜进行了改性，结果表明，改性使得膜的亲水性提高，在一定程度上也延长了其使用寿命。

氧化石墨烯所含有的活性位点较多，此外，因其含有亲水性官能团较多，且具有良好的物理和化学性能，为将其用于对纳滤膜的改性提供了可行性，成为对纳滤膜进行亲水性改性的热门材料。杨梅等研究表明，氧化石墨烯的加入增大了纳滤膜输水孔道，提高了其渗透性能、耐污染性。魏秀珍等通过涂覆法将氧化石墨烯引入聚酰胺（PA）纳滤膜功能层制得氧化石墨烯/聚酰胺（GO/PA）复合纳滤膜，大大提高了盐截留率和通量，增强了耐污染性。

因此，本研究以氧化石墨烯作为一种改性材料对纳滤膜进行改性，进而提高了纳滤膜的各方面性能，以更好地应用于离子吸附型稀土的回收。

根据本课题组对江西省某离子吸附型稀土矿山原地浸矿尾水中所含的稀土元素实际种类与含量情况进行了研究，表 5-1 为稀土浸出液中的理化性质、表 5-2 为尾水中的稀土元素占比。该离子吸附型稀土矿山的尾水中 NH_3-N 含量较高，且含有较多种类的稀土元素，其中镧（La）、钇（Y）、钕（Nd）、镨（Pr）和铈（Ce）五种元素占较大的比重，约 84%以上，此外，经本课题组测试得到，占比重较多的稀土元素浸出液的平均浓度约为 0.2246g/L。

表 5-1 稀土浸出液理化性质

指标	浊度	NH_3-N	COD	游离氯	pH 值
含量/mg·L^{-1}	0~3	305.15	<3	10.29	5.67

表 5-2 浸矿尾水中稀土配分

元素	La	Nd	Pr	Y	Ce	Eu	Gd	Tb
含量/%	31.539	24.108	5.199	15.783	529	0.626	4.040	0.493
元素	Dy	Ho	Er	Tm	Yb	Lu	Sm	
含量/%	2.809	0.609	1.078	0.102	0.548	1.355	4.181	

根据以上实际原地浸矿尾水所含有的稀土种类和浓度，实验选取五种稀土元素作为浸矿尾水的代表元素：La、Y、Nd、Pr 和 Ce，采用一定浓度的硫酸把稀土由氧化物状态氧化为离子态，配制成 0.0013mol/L 的溶液，将其作为离子吸附型稀土浸矿尾水的模拟液，进行实验探究。实验进行优化的条件因素有：进料流量、压力、pH 值和温度，同时探究在最佳工况条件下改性纳滤膜的抗污染性能。实验用膜均为未改性纳滤膜和质量分数为 0.06% 的氧化石墨烯改性纳滤膜两种膜，作为对比分析，实验系统以有回流的状态进行操作。

5.2.1 进料流量的影响

图 5-1 为随进料流量的变化其膜通量和对稀土回收率的变化曲线。进料流量的增加使膜对稀土溶液的通量增加，且两种膜对稀土离子的截留率均呈现缓速增加且当进料流量过大时下降的趋势，5 种稀土离子的变化趋势几乎一致。分析原因可能是流量增加导致膜承受的剪切力增大，而当剪切力大于膜所能承受范围时，纳滤膜有效功能层会被破坏，所以稀土离子的富集率下降。两种膜均在进料

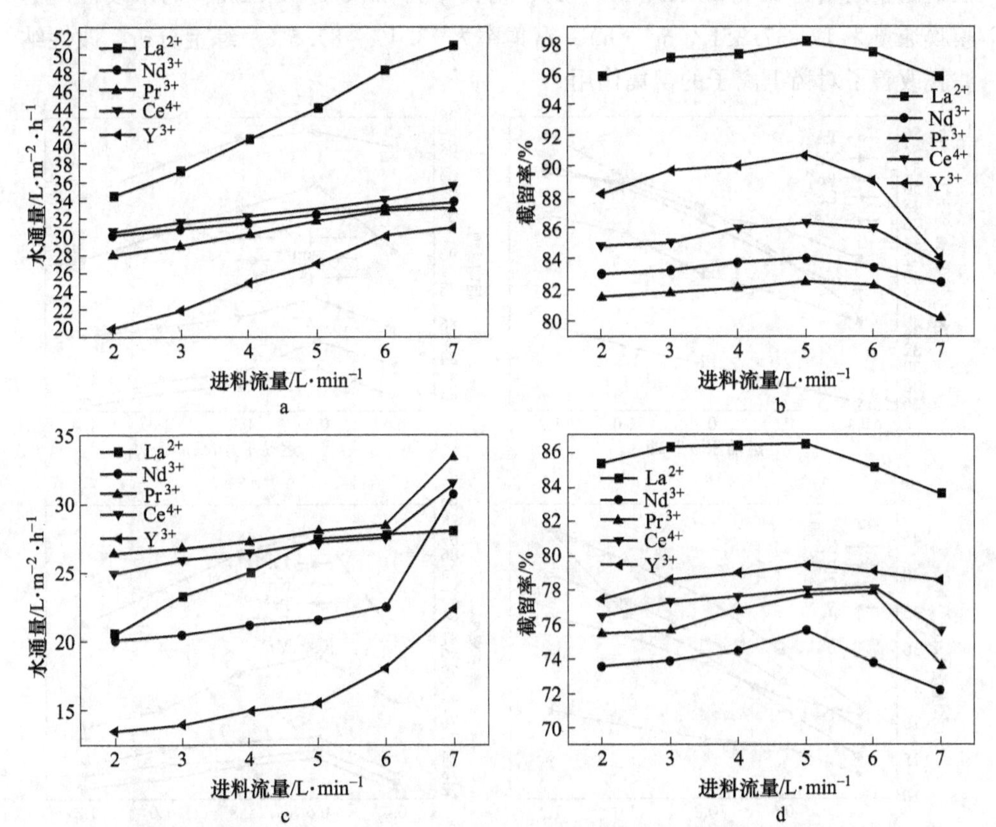

图 5-1 不同进料流量下，改性纳滤膜通量的变化曲线（a）、对稀土截留率变化曲线（b）；未改性纳滤膜通量的变化曲线（c）、对稀土截留率变化曲线（d）

流量为 5~6L/min 时，对稀土离子的回收效果达最佳，其中改性纳滤膜最佳通量为 27~48.3L/(m^2·h)，富集率为82.3%~98%，而未改性纳滤膜膜通量为15.5~28.5L/(m^2·h)，富集率为 75.7%~86.6%。综上分析，改性纳滤膜改善了对稀土离子的富集。

5.2.2 运行压力的影响

图 5-2 为随压力的变化，两种膜通量和对稀土离子回收效果的变化曲线。压力的增加，使两种膜对稀土溶液中水的通量均快速上升，分析原因是由于水透过膜的驱动力增加，从而水通量增加。而当压力增加至 0.6MPa 时，两种膜对稀土离子的回收效果均变差。分析原因可能是在压力开始增加的时候，水通量和离子通量都在增加的同时，全部通过量以水为主，而后期随着压力的越来越大，稀土离子通过量也越来越多，导致稀土离子的截留率降低，即富集回收效果变差。两种膜均在操作压力为 0.6~0.8MPa 时，对稀土离子的回收效果达到最好，其中改性纳滤膜通量为 28~48.1L/(m^2·h)，富集率为 82.6%~97.2%，而未改性纳滤膜膜通量为 17~37.35L/(m^2·h)，富集率为 73.4%~87.5%。综上分析，改性纳滤膜改善了对稀土离子的富集作用。

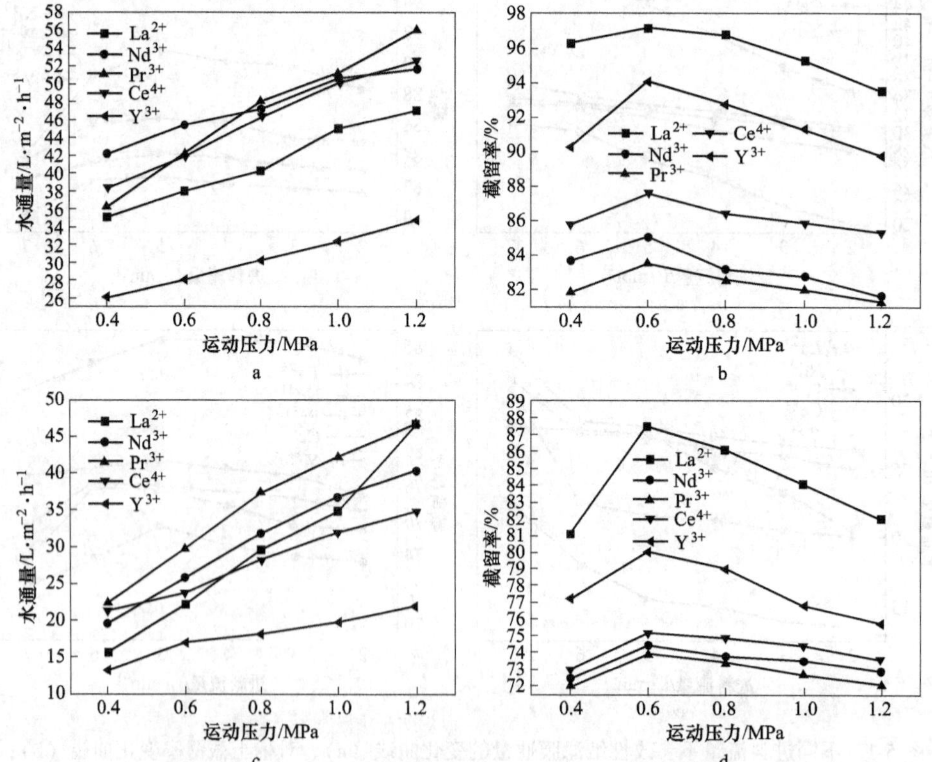

图 5-2 不同压力下，纳滤膜通量的变化曲线（a）、对稀土截留率变化曲线（b）；未改性纳滤膜通量的变化曲线（c）、对稀土截留率变化曲线（d）

5.2.3 pH 值的影响

图 5-3 为两种膜随 pH 值的变化其通量和稀土截留率的变化曲线。总体来看，pH 值的改变对纳滤膜在稀土离子溶液中的水通量的影响不大，分析原因是膜表面电荷的数值增与减对其水通量的影响不大。在 pH 值为 3.0~4.0 时，改性膜和未改性膜均对稀土离子的回收率增加趋势放缓，甚至略微下降，但整体上回收率随着 pH 值的增加呈现增加趋势，且 5 种稀土离子的变化趋势几乎一致，分析原因为 pH 值的改变导致的膜表面的电荷数值发生变化，而根据纳滤膜对离子的截留机理模型中的荷电模型又可知电荷的变化引起膜对离子截留率的变化，此外，稀土离子在膜表面的浓度不断增高而引起的浓差极化现象也可导致该现象的产生。在荷电的作用下，随着 pH 值增加至高于膜的等电位点，膜对稀土离子的截留率呈现继续增加的趋势。在 pH 值为 4.5~5.0 时，两种膜均对稀土离子的回收效果达到最佳，其中改性纳滤膜通量为 25.5~37.3L/(m² · h)，富集率为 84.6%~99.2%，而未改性纳滤膜膜通量为 18~24.9L/(m² · h)，富集率为77%~89%。综上分析，改性纳滤膜改善了对稀土离子的富集作用。

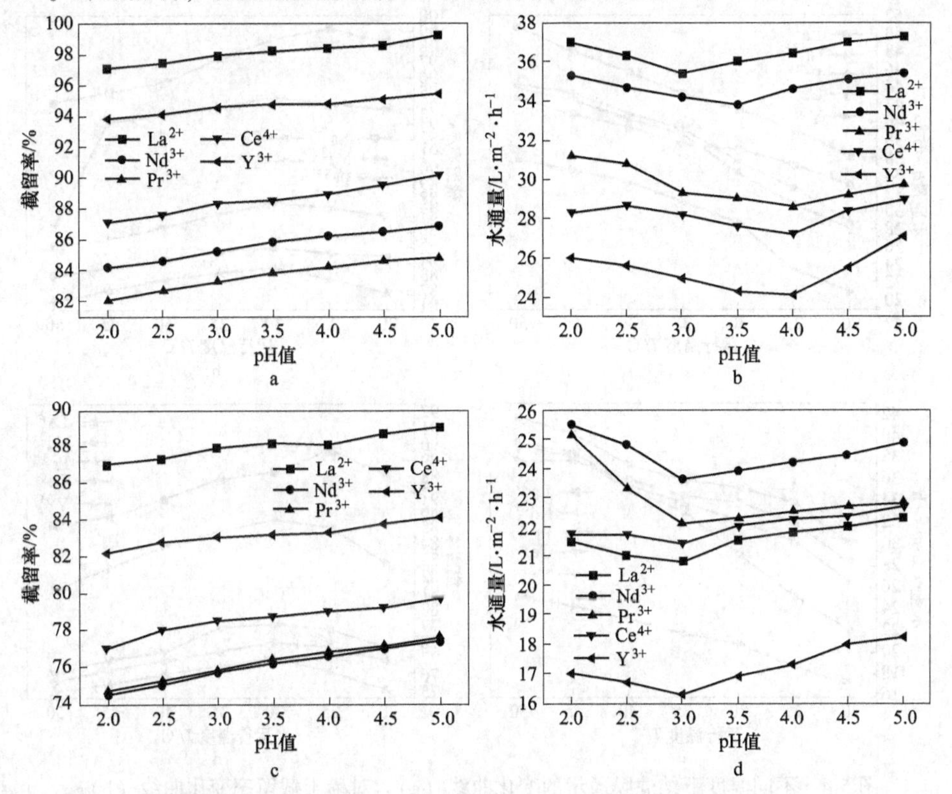

图 5-3 不同 pH 值下，纳滤膜通量的变化曲线（a）、对稀土截留率变化曲线（b）；未改性纳滤膜通量的变化曲线（c）、对稀土截留率变化曲线（d）

5.2.4 温度的影响

图5-4为两种膜随温度的变化其通量及稀土截留率的变化曲线。温度的升高可能会导致纳滤膜表面功能层受损，故随着温度的增加，两种膜对稀土溶液中水的通量均有所上升，从而膜孔结构发生改变，另外随着温度的升高水分子的活化能增加，即水中所含有能量随之增加，从而导致水通量上升。而截留率在温度适当增高时处于上升状态，但温度过高时开始下降，且均表现出镧离子（La^{3+}）在25℃时富集率达到最高，其余4种稀土离子均在30℃富集率达到最高的现象，这是因为在前期水通量增加较快，离子通量较小，即此时的稀土离子的截留率呈现出上升趋势，当温度达到30℃左右时，膜表面的纳滤膜有效功能层被破坏，导致稀土离子透过膜流出，从而截留率下降，最终导致稀土离子的富集回收效果变差。

综合考虑富集速率及富集效果，两种膜均在温度为25~30℃时，对稀土离子的富集效果达到最佳，其中改性纳滤膜通量为23.3~41.2L/(m^2·h)，富集率为83.0%~99.2%，而未改性纳滤膜膜通量为18.7~35.1L/(m^2·h)，富集率为76.2%~89.6%。综上分析，改性纳滤膜改善了对稀土离子的富集作用。

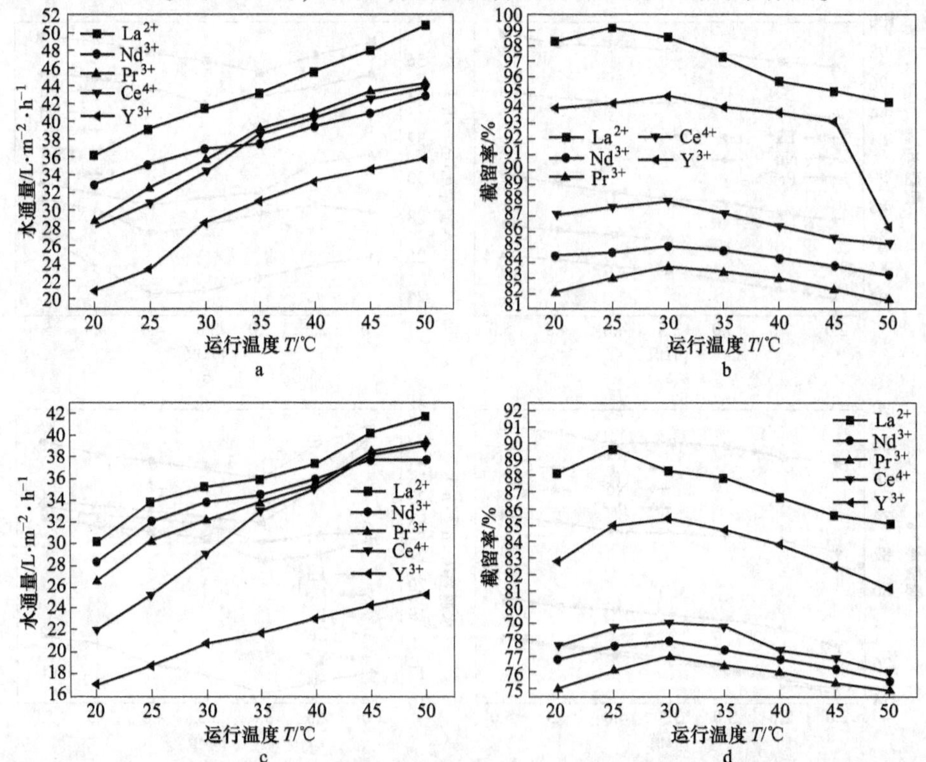

图5-4 不同温度下纳滤膜通量的变化曲线（a）、对稀土截留率变化曲线（b）；未改性纳滤膜通量随温度的变化曲线（c）、未改性纳滤膜截留率随温度的变化曲线（d）

5.2.5 膜抗污染性分析

图 5-5 为未改性纳滤膜和改性纳滤膜对稀土离子镧离子（La^{3+}）分离过程中水通量的变化。由初始纯水更换为稀土溶液时，比通量迅速下降，这是由于，纳滤膜对超纯水的通量较大，而对截留过程中的稀土溶液水通量相对较小，在四次对稀土溶液的截留过程中，比通量均呈逐渐降低的趋势。在第一阶段的运行过程中，未改性纳滤膜水通量衰减率为 56.3%，而改性纳滤膜水通量明显优于未改性，经第一次清洗后，改性纳滤膜的纯通量恢复到了初始通量的 99.1%，而未改性纳滤膜仅为 88.2%，即改性纳滤膜表现出更高的通量恢复率。经对稀土溶液 16h 的截留后，未改性纳滤膜的纯水通量恢复率为 78.5%，膜的通量恢复能力已明显降低，而改性纳滤膜的纯水通量恢复率为 95.1%，其纯水通量未明显降低，分析原因可能是经改性的纳滤膜亲水性较好，从而抗污染性提高，减少了膜表面的污染。通过以上分析可判断经氧化石墨烯改性后的纳滤膜具有更强的抗污染性能。

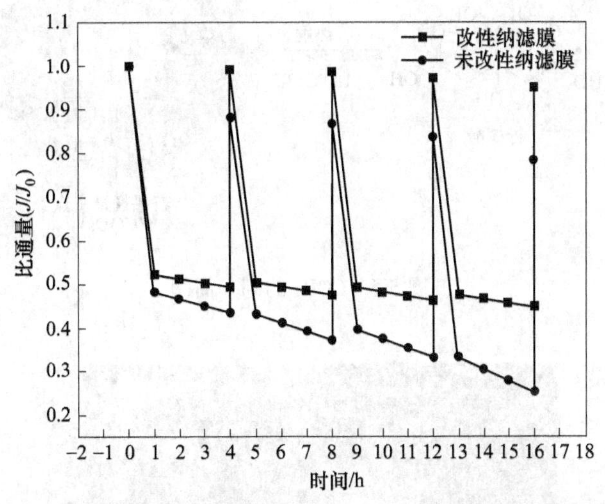

图 5-5 膜对稀土离子镧离子（La^{3+}）分离过程中水通量变化

5.3 石墨烯量子点改性纳滤膜在离子吸附型稀土富集中的应用

在铸膜材料中共混亲水性纳米材料能够改善纳滤膜的表面亲水性、抗污性、渗透性以及热稳定性。常用的纳米材料有碳基纳米材料、金属纳米材料、金属氧化物、二氧化硅、勃姆石、黏土等。碳基纳米材料由于表面具有亲水性官能团、化学性质稳定、无毒等优点以及自身的有机结构易被固定在膜结构中，因此，常被作为制备纳滤膜的改性剂。

如图 5-6 和图 5-7 所示，碳量子点（CQDs）是碳纳米材料的一种，尺寸约为 10nm，因此同样具有无毒、良好的生物相容性以及可调的发光性等优点。CQDs 的制备方法有微波辐射、水热反应、电化学氧化、超声处理等。由于 CQDs 的尺寸很小，因此具有很强的荧光特性。基于这些优良性能，使得 CQDs 在光催化、生物成像、重金属检测、吸附、污水处理以及膜改性方面均有广泛应用。CQDs 的制备材料来源广泛，常用的制备材料有柠檬酸、石墨、腐殖酸、抗坏血酸等。研究表明，这些材料之所以能够用来制备 CQDs 是因为它由大量的羧基、羟基和羰基组成；因此具有相似化学性质的物质就能够作为制备材料。许多研究者尝试着从高碳含量的植物废料、水果纤维、茶粉废料、石油工业废料中获取制备材料，既可以降低制备成本又能实现废物零排放，具有良好的经济效益与环境效益。

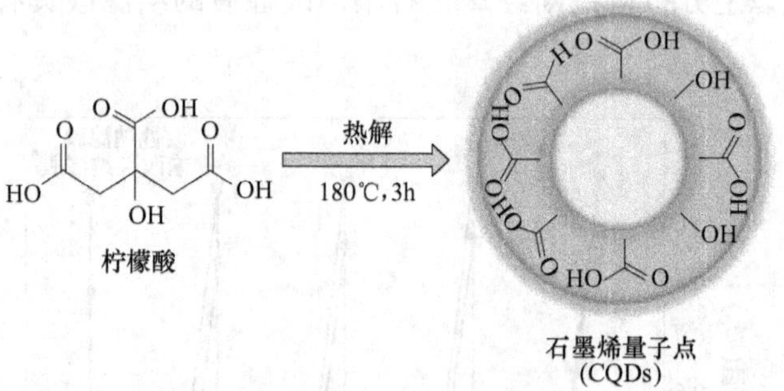

柠檬酸　热解　180℃,3h　石墨烯量子点 (CQDs)

图 5-6　CQDs 的制备简图

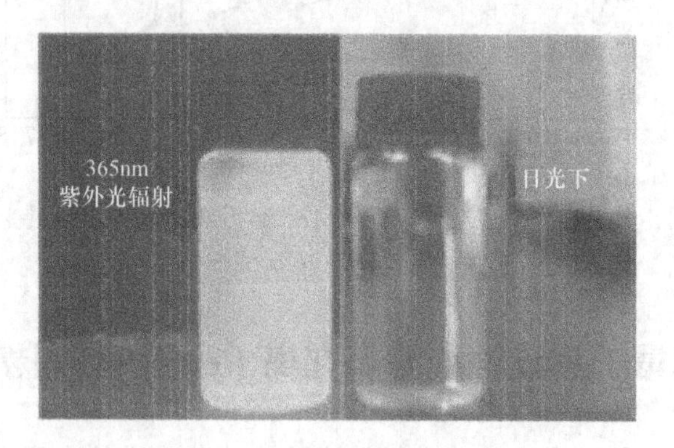

图 5-7　CQDs 荧光特性图

由以往课题组对江西某地实际矿山原地浸矿尾水各成分的原子发射光谱（ICP）检测结果可知，尾水中稀土的占比接近 70%，含量约为 0.2246g/L，其中氧化镧的比重高达32%。因此本实验将氧化镧溶于浓硫酸中，加水稀释，配置成0.2246g/L的稀土溶液，进行试验。稀土的测定方法采用偶氮氯膦紫外分光光度法。具体的操作步骤如下。

首先配置1%草酸溶液以及0.04%偶氮氯膦溶液。取5mL模拟稀土溶液置于50mL比色管中，依次加入5mL草酸溶液、5mL偶氮氯膦溶液，加入纯水稀释至刻度线，在660nm波长处，以纯水为空白对比测试稀土溶液的吸光度，通过绘制的标准曲线换算成稀土的实际浓度。

（1）不同压力下纳滤膜对稀土的截留。将自制的未改性纳滤膜和CQDs改性纳滤膜在不同运行压力下测试其稀土溶液水通量以及截留率。压力的设置区间为0.4MPa、0.6MPa、0.8MPa、1.0MPa、1.2MPa。

（2）不同温度下纳滤膜对稀土的截留。将温度范围设置在20℃至45℃之间，间隔为5℃。通过水浴加热控制镧离子溶液的温度，研究温度对纳滤膜截留稀土的影响。

5.3.1 运行压力的影响

图5-8和图5-9分别为操作压力对改性纳滤膜和未改性纳滤膜对镧离子溶液的截留率和水通量的影响。从图中可以看出两种膜的通量均随压力的升高而增大，同时可以看出改性纳滤膜的通量更大一些。改性纳滤膜的截留率随压力的增大而增大，在0.6MPa处最大，之后逐渐降低，未改性纳滤膜随压力的变化与改性膜相似。在0.6MPa下改性纳滤膜的通量和截留率分别为24.5L/(m^2·h)和96.32%，未改性纳滤膜分别为19.7L/(m^2·h)和93.12%。因此改性纳滤膜更适合对镧离子的富集。

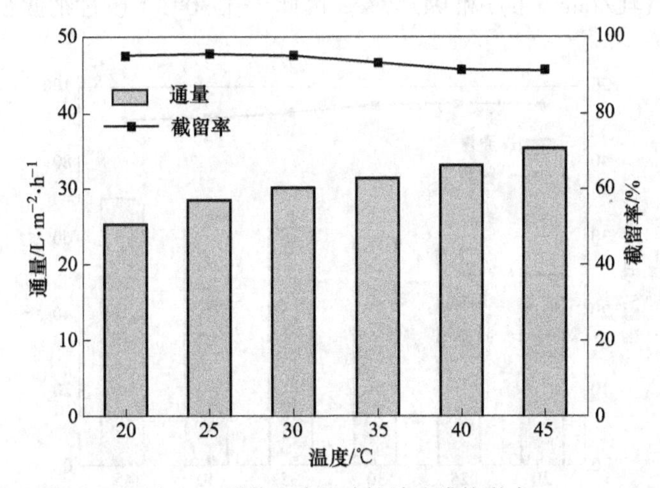

图5-8 操作压力对改性纳滤膜的影响

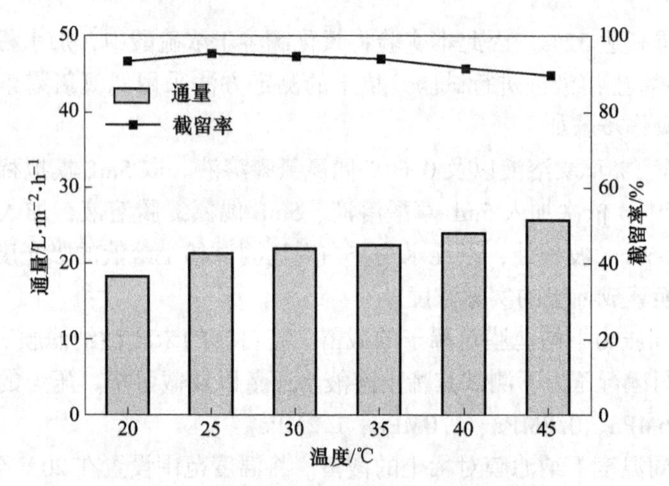

图 5-9 操作压力对未改性纳滤膜的影响

5.3.2 运行温度的影响

温度对膜过滤的影响较大，温度过高或者过低都会对膜结构和水过膜孔的流态产生影响。图 5-10 和图 5-11 分别为改性纳滤膜和未改性纳滤膜在不同温度下对镧离子的截留效果。由图可知，随着温度的升高膜通量均呈现升高的趋势，截留率先升高后降低。改性纳滤膜和未改性纳滤膜的截留率均在 25℃ 时达到最大分别为 96.31%和 95.72%，通量分别为 28.53L/(m^2·h) 和 21.27L/(m^2·h)。当温度为 30℃时，改性纳滤膜的截留率虽然有些下降，但通量提升明显，此时的通量和截留率分别为 30.2L/(m^2·h) 和 95.54%，未改性纳滤膜的通量和截留率分别为 22.14L/(m^2·h) 和 94.37%。因此，在 30℃ 下改性纳滤膜对稀土的截留效果更好。

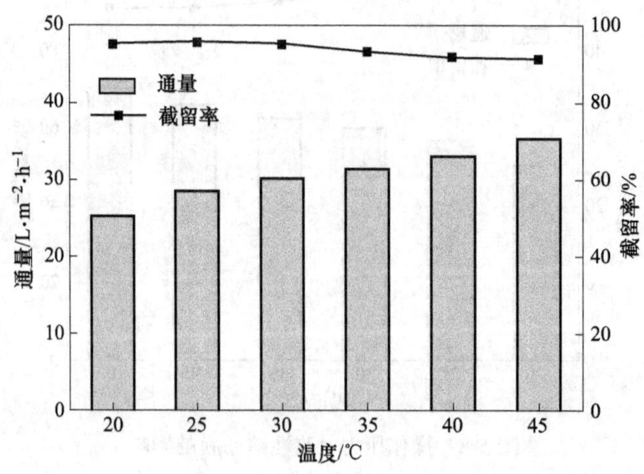

图 5-10 温度对改性纳滤膜的影响

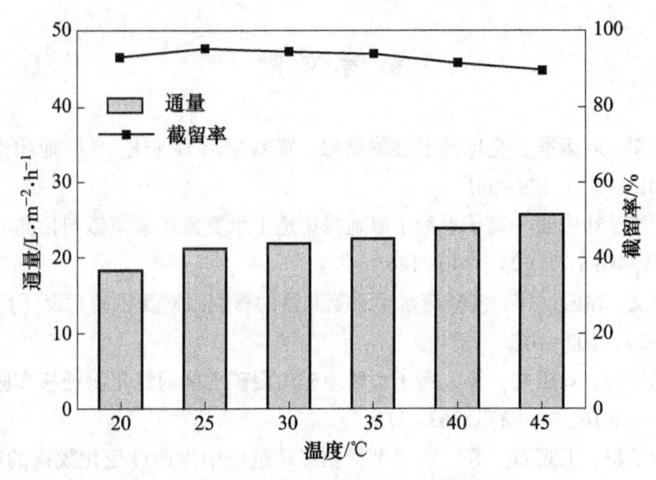

图 5-11 温度对未改性纳滤膜的影响

5.3.3 对镧离子废水的处理效果

图 5-12 为改性纳滤膜在室温和 0.6MPa 压力下长时间运行，对 0.2246g/L 镧离子废水的处理情况。以运行时间为横坐标，研究运行时间对纳滤膜通量和截留率的影响，同时也观察膜污染的情况，每隔十分钟检测一次。由图可知，在前 40min，纳滤膜的通量下降明显，膜通量从 37.25L/($m^2 \cdot h$) 降低到 31.17L/($m^2 \cdot h$)，同时截留率也在缓慢升高，说明纳滤膜污染主要发生在运行初期。在 50min 至 100min 时，随着运行时间的延长，膜污染继续增加，通量继续减少，同时截留率有较大幅度的提升，之后膜通量趋于稳定，但截留率依旧小幅上升，膜通量和截留率最终分别为 27.96L/($m^2 \cdot h$) 和 97.30%。

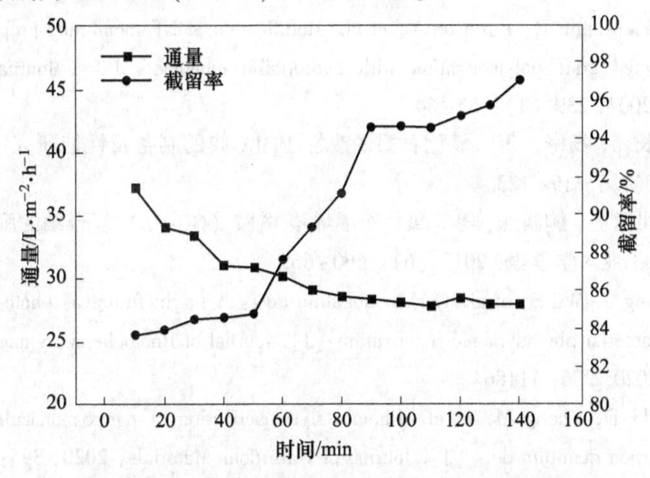

图 5-12 改性纳滤膜对水中镧离子废水处理情况

参考文献

[1] 张波, 邓廷军, 刘运鄂. 全球离子吸附型稀土矿找矿潜力评述 [J]. 地质论评, 2013, 地质论评, 2013 (1): 579~581.

[2] 徐水太, 项宇, 刘中亚. 离子型稀土原地浸矿地下水氨氮污染模拟与预测 [J]. 有色金属科学与工程, 2016, 7 (2): 140~146.

[3] 张念, 刘祖文, 郭云, 等. 浸矿废水中总氮测量的影响因素及相关对策 [J]. 工业水处理, 2016, 36 (5): 102~105.

[4] 徐春燕, 温春辉, 刘祖文, 等. 离子型稀土矿山浸矿土壤的氮化物迁移实验研究 [J]. 中国稀土学报, 2016, 34 (3): 363~372.

[5] 罗嗣海, 黄群群, 王观石, 等. 离子型稀土浸矿过程中渗透性变化规律的试验研究 [J]. 有色金属科学与工程, 2014 (2): 95~99.

[6] Kalin M, Fyson A, Wheeler W N. The chemistry of conventional and alternative treatment systems for the neutralization of acid mine drainage [J]. Science of the Total Environment, 2006, 366 (2~3): 395~408.

[7] 耿春香, 曹春萍, 张丙华, 等. 化学沉淀法处理含铝有机酸废水 [J]. 现代化工, 2014, 34 (9): 82~84.

[8] 柳健, 徐雅迪, 任拥政. 化学沉淀法处理含铅废水的最佳工况研究 [J]. 环境工程, 2015 (s1): 25~28, 48.

[9] 李福德, 李昕. 微生物法治理电镀废水新技术 [J]. 给水排水, 1997 (6): 25~29.

[10] 康得军, 匡帅, 唐虹, 等. 微生物淋滤技术在去除城市污泥重金属中的应用 [J]. 工业用水与废水, 2016 (3): 11~15.

[11] Novoselov K S, Geim A K, Morozov S V, et al. Electric Field Effect in Atomically Thin Carbon Films [J]. Science, 2004, 306 (5696): 666~669.

[12] Belfer S, Fainshtain R, Purinson Y, et al. Modification of NF membrane properties by in situ redox initiated graft polymerization with hydrophilic monomers [J]. Journal of Membrane Science, 2004, 239 (1): 55~64.

[13] 杨梅, 赵长伟, 杨彬, 等. 氧化石墨烯改性 PMIA 膜的制备及性能研究 [J]. 水处理技术, 2017 (7): 119~123.

[14] 魏秀珍, 洪家亮, 鲍晓燕, 等. 氧化石墨烯-聚酰胺 (GO-PA) 复合纳滤膜的制备及应用 [J]. 浙江工业大学学报, 2017 (6): 660~665.

[15] Nie X, Jiang C, Wu S, et al. Carbon quantum dots: A bright future as photosensitizers for in vitro antibacterial photodynamic inactivation [J]. Journal of Photochemistry and Photobiology B Biology, 2020, 206: 111864.

[16] Han W, Li D, Zhang M, et al. Photocatalytic activation of peroxymonosulfate by Surface-tailored carbon quantum dots [J]. Journal of Hazardous Materials, 2020, 395: 122695.

[17] Yingran H, Ling Z D, Tai shung C. Na^+ functionalized carbon quantum dot incorporated thin-

film nanocomposite membranes for selenium and arsenic removal [J]. Journal of Membrane Science, 2018, 564: 483~491.

[18] Shi Y, Liu X, Wang M, et al. Synthesis of N-doped carbon quantum dots from bio-waste lignin for selective irons detection and cellular imaging [J]. International Journal of Biological Macromolecules, 2019, 128: 537~545.

6 其他膜分离技术在离子吸附型稀土中的应用

6.1 液膜分离技术

液膜是指能够把两个组成不同的溶液隔开，以浓度差为推动力，利用溶液之间的溶解扩散差异，从而达到分离目的的分离技术。当被隔开的两个溶液是水相时，液膜应是油型；当被隔开的两个溶液是有机相时，液膜应是水型膜。液膜在膜结构上有很大的突破，尤其是新发明的乳状液膜，它厚度薄、比表面积大，因而处理能力很大。液膜在迁移机理上也有很大突破，可以模拟生物膜进行传递，产生促进迁移和活性迁移，从而使其选择性与通量也相应的发生显著改善。液膜相比其他膜（固体膜）而言具有高效、快速、专一的优点。

马亨（Martin）在20世纪60年代初研究反渗透脱盐时发现了具有分离选择性的人造液膜。60年代中期美籍华人黎念兹（N. N. Li）在测定表面张力的du Nuoy环法中，用皂草甙表面活性剂的水溶液和油做实验时发现了不带固膜支撑的新型液膜，并于1968年获得第一个液膜分离技术专利。70年代初，库斯勒尔（E. L. Cussler）成功研制出了含流动载体的液膜，为液膜的工业应用提供了必要的理论基础。此后对液膜的研究犹如雨后春笋，范围遍及冶金、医药、卫生、环保、原子能、石油化工、仿生化学等各个领域。目前为止世界上已发表的液膜论文和专利达数千篇。

液膜法虽然是在溶剂萃取法的基础上发展起来的，但又与溶剂萃取法有显著的区别，它兼有溶剂萃取和膜渗透两项技术的优点。首先，液膜萃取的溶剂相并不是连续的液体，它是包裹着某种反萃剂水相液滴的薄膜。其次，液膜乳化物与水相料液接触时，形成一种有机油膜——将两种水相隔开的多重乳化物。料液中的溶质在膜相外侧生成萃合物，然后萃合物渗透膜层，在膜层内侧与包裹着的内相反应，形成不能再渗透的化合物，萃取剂同时再生。因此，液膜萃取包括萃取与反萃取两个过程，同时可实现溶质的分离与富集。最后，液膜分离机理不受萃取平衡支配，故萃取剂的浓度可以比常规的溶剂浓度低，即液膜中的萃取剂不会为金属离子所饱和，它仅仅作为一种载体，将金属离子从膜的一侧迁移到另一侧。操作过程由两步合并为一步，可大大节省工序，并降低成本。液膜法的突出优点是：流程短，萃取剂用量少，提取率高，成本少。

6.1.1 液膜分离技术原理

根据液膜处理过程中的有无流动载体参与，可将液膜分离的机理分为两种，即非流动载体液膜分离机理与含流动载体液膜分离机理。

6.1.1.1 非流动载体液膜的分离机理

不含流动载体的液膜分离过程分离富集作用主要通过溶质在膜中的溶解并渗透通过液膜得以实现，因此溶质在膜中的溶解度就会影响传递过程的进度与效果。溶解度越大，则选择性越好。这就要求被分离的目的组分要有比混合物中其他组分在膜中能更快的运动，具有更高的渗透速度，从而才能实现分离的目的。液膜中组分的渗透速度是扩散系数与分配系数的乘积。对大多数溶质而言，扩散系数的区别是很微小的，所以分配系数的差别就成为分离的主要影响因素。分配系数又是溶质在膜相和料液中溶解度的比值，因此归结为溶质在液膜相中的溶解度。这种机理称为选择性渗透。

在选择性渗透过程中，当膜两侧的被迁移组分浓度相等时，输送便自动停止，因此不会产生浓集效应。于是有人便尝试在膜内相引入化学反应的办法来促进溶质的迁移。在液膜的内相中引入一个选择性不可逆反应，使目的组分（C）与内相中的另一组分（R）相互作用，变成一种不能逆扩散穿过液膜的新产物（P），从而使内相中的渗透物的实际浓度降为零，保持渗透物在液膜的两侧具有最大的浓度梯度，促进传输，达到对目的组分的浓缩。这种机理称为Ⅰ型促进传输。

6.1.1.2 含流动载体液膜分离机理

含流动载体液膜的选择性主要取决于流动载体。流动载体通过在膜内界面之间的来回穿梭来传递被迁移的组分，不仅提高了选择性而且还增大了通量。流动载体与被迁移组分之间发生选择性可逆反应，极大地提高了渗透溶质在液膜中的有效溶解度，增大了膜内浓度梯度，提高了传输效果。这种传递机理叫作载体中介输送，也称为Ⅱ型促进迁移。

6.1.2 液膜影响因素

乳状液膜能否在整个提取过程中保持稳定，是提高乳状液膜分离技术分离效率的关键。在使用乳状液膜的过程中可能发生以下现象：内水相向外水相泄漏、外水相混入膜相中、外水相渗入内水相中、乳状液液滴破裂、乳状液发生溶胀等。这些现象的产生主要源于乳状液膜的稳定性。

（1）影响乳状液膜稳定性的主要因素及界面张力对稳定性的影响。黎念兹博士认为影响乳状液膜稳定性的主要因素是：膜相黏度、乳状液中液滴的大小、接触时间的长短、表面活性剂的性质和浓度、离子强度等。一般膜相黏度低，表面活性剂浓度低，搅拌速度快时乳状液膜易破裂。许效红等用兰 113-B 作表面活性剂研究了乳状液滴的界面张力，认为在膜相与内相界面上存在酚钠的吸附，从而降低了界面张力，有利于提高乳状液膜的稳定性。万印华等通过向乳状液中添加助表面活性剂 LA，认为助表面活性剂分子与表面活性剂分子形成缔合作用，从而降低乳水界面张力来提高液滴的分散性和稳定性，还发现该试剂能促进待提取物的传输迁移。

（2）乳状液膜的溶胀。曾平等通过试验，研究了乳状液膜的溶胀过程。所谓溶胀是指在乳状液膜提取过程中，乳状液膜的体积急剧增大，严重时可导致乳状液膜破裂，从而造成失效。目前认为溶胀可分为两大类：一类是夹带溶胀，另一类是渗透溶胀。夹带溶胀是在乳状液膜提取过程中，有机相夹带水相导致体积增大；渗透溶胀则是由于内、外水相的压力差使外水相向内水相渗透。在搅拌初期易产生夹带溶胀，渗透溶胀则随搅拌时间的增加而增大。杨延钊等对夹带溶胀进行了研究，认为搅拌与再乳化是产生溶胀的主要原因。对常用的几种表面活性剂，产生夹带溶胀的大小依次为 Span80>N205>兰 113-B。万印华等认为表面活性剂的亲水作用产生渗透溶胀，搅拌引起乳液聚集再分散产生夹带溶胀。丁瑄才等认为搅拌是产生溶胀的主要原因，溶胀量可达乳状液的 500%。李伟宣等采用比重法研究乳状液膜的夹带溶胀和渗透溶胀，得出了乳状液膜的溶胀率的计算式。

减弱溶胀的办法主要有：

1）选择合适的表面活性剂，以降低界面张力；

2）降低提取时的搅拌速度。

据报道采用磁性乳状液膜，提取过程中不需搅拌，它是通过磁场来控制提取过程的，从而有效解决乳状液膜的稳定性问题。

（3）表面活性剂分子的空间位阻效应。乳状液膜稳定性的另一个方面是，吸附在界面上的表面活性剂分子产生的空间位阻效应，使表面活性剂分子或离子不能更紧密地排列从而影响吸附的稳定性。李明玉等研究认为表面活性剂分子的位阻排斥力是决定稳定性的主要原因，次要原因还有界面黏度，表面活性剂分子间的协同作用等。陆岗等研究了载体种类和浓度对稳定性的影响，认为载体浓度增加，液膜破损率和溶胀率都增大，原因是载体分子排斥表面活性剂分子吸附于界面上，导致乳状液膜的稳定性下降。使用化学组成为酸分子作载体时乳状液膜最易破裂，离子缔合型载体次之，而中性载体最稳定。

（4）新型表面活性剂的研制。在研制新型表面活性剂方面，李成海等研究了 PSN89414 表面活性剂，张秀娟等研究了 LMA 系列表面活性剂。国外使用的表面活性剂主要有 ENJ-3029 和 ECA-4360。

综上所述，乳状液膜的稳定与否主要取决于下列因素：

（1）表面活性剂的种类和性质。目前使用的表面活性剂主要是 Span80 和聚胺类，Span80 的溶胀比聚胺类大。

（2）载体的种类和性质。

（3）膜溶剂的性质。目前使用的膜溶剂主要是煤油和磺化煤油。膜溶剂的黏性对乳状液膜的稳定性起决定作用。

（4）内水相和外水相的性质。

虽然研究者们从乳状液的破裂、溶胀、表面活性剂、载体，以及操作因素的控制等方面进行了研究，并取得了可喜的成绩，但是本书认为这些研究者都将乳状液膜的稳定性与乳状液的破乳割裂开来，忽略了乳状液液滴表面所带电荷对乳状液膜稳定性和破乳产生的影响。实际上乳状液液滴表面所带电荷对乳状液膜的稳定与破乳都有重要作用，两者之间是一种有机的联系。因此，在研究乳状液膜时必须将乳状液膜的稳定性机理与乳状液的破乳机理结合起来考虑。并且目前乳状液膜的稳定性和破乳的问题也是制约乳状液膜技术工业化应用的主要问题。

6.1.3 液膜回收稀土工艺

由于传统硫酸铵浸出-草酸沉淀工艺成本很高，人们纷纷寻找低成本离子吸附型稀土矿的提取工艺。这方面乳状液膜提取技术也做了不少的研究工作（表 6-1）。乳状液膜技术提取稀土离子的特点是流程短、速度快、富集比大、试剂少、成本低，具有广阔的工业应用前景。

表 6-1 乳状液膜提取稀土离子

有机相	内水相	外水相	提取效果	参考文献
LA+LMS+92%	HCl	稀土料液	La-Nd 纯度 98.12% Tb-Lu 和 Y 纯度 97.92%， Sm、Eu、Gd 含量 73.60%	[15]
LMS-2+P204+煤油	HCl	1.45mg/L Re_2O_3	提取率>91% 成本比草酸法低 2/3 以上	[16]
上 205+ Span80+ P204+煤油	HCl	混合稀土母液	提取率达 99% （混合稀土）	[17]
D_2EHPA+石蜡+煤油	—	pH>2 La_2O_3>0.73mol/m^3	提取率>91%	[18]
P204+LMA-1+煤油	N_2Y（还原剂） Sm、Eu、Cd、NaAC	0.4mol/L HCl	Eu 纯度 99.70% 提取率 84.70%	[19]

续表 6-1

有机相	内水相	外水相	提取效果	参考文献
煤油+P507+NS	HCl	2g/L Re_2O_3 10g/L NaAC	提取率>90%	[20]
LMA-1+P204+煤油	络合剂 MX Sm、Eu、Cd、N_2Y	1mol/L HCl	Eu 纯度 99.90% 提取率 94.88%	[21]
LMS-2+P204+环烷酸+液体石蜡+煤油	HCl	Tb、Dy、Ho、Er、Tm、Yb、Lu、Y 络合剂 0.16mol/L	非 Y 重稀土含量 99.55% 内水相中 Y 含量 99.97%	[22]
P204+Span80+煤油+聚丁二烯	HNO_3+HCl	稀土母液	提取率>99%混合稀土	[23]
P204+Span80+煤油+聚丁二烯	HNO_3	Eu^{3+}	Eu^{3+}提取率>99%	[24]
环烷酸+Span80+煤油	HCl	La^{3+}	La^{3+}提取率>99%	[25]
Span80+P507+煤油	HCl	Re^{3+} 1000×10^{-6}	Re^{3+}浓度 50g/L 杂质<3%	[26]

6.2 反 渗 透

6.2.1 反渗透原理

6.2.1.1 渗透与反渗透

如图 6-1 所示在浓度梯度的作用下，水从稀溶液（或纯水）侧通过半透膜进入浓溶液侧（盐水侧），这就是渗透（见图 6-1a）。当渗透过程达到平衡时，浓溶液侧的液面会比稀溶液的液面高出一定高度，即形成一个压差，称为渗透压（$\Delta\pi$）。

如果在浓溶液侧加上一压力 Δp，其大小与两边溶液渗透压相等，即 $\Delta p = \Delta\pi$，则此时水不流动，这就是渗透平衡（见图 6-1b）。

如果在浓溶液侧所加压力大于渗透压，即 $\Delta p > \Delta\pi$，则会把溶液中的溶剂压到半透膜的另一边稀溶液中，这是和自然界正常渗透过程相反的，因此称为反渗透（Reverse Osmosis，RO）（见图 6-1c）。

因此，反渗透过程必须具备两个条件：

一是操作压力必须高于溶液的渗透压；

二是必须有高选择性和高渗透性的半透膜。

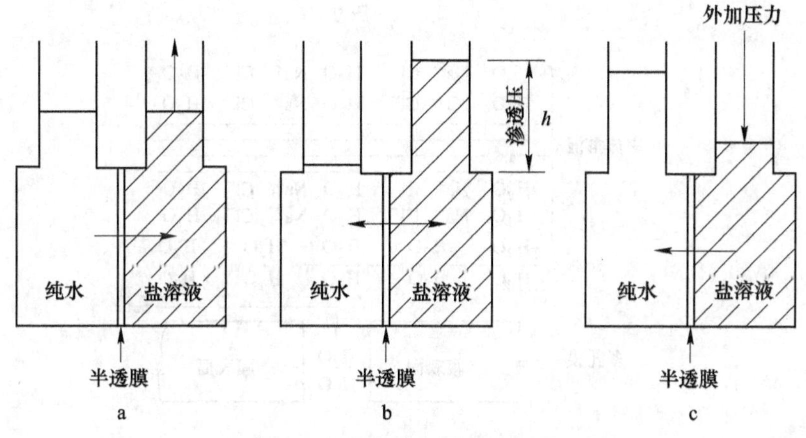

图 6-1 反渗分离原理示意图
a—渗透；b—渗透平衡；c—反渗透

6.2.1.2 反渗透膜的透过机理

为了从理论上解释反渗透膜的分离现象，揭示其分离规律，并且对膜的分离特性进行定量地预测及指导膜材料的选择和膜的制作，从 20 世纪 50 年代末以来，科学研究者先后提出了多种不对称反渗透膜的透过机理和模型，从不同方面不同程度地解释了膜的各种分离现象。按带电与否可把膜分成两大类，即荷电膜和非荷电膜，这两大类膜的透过机理是不一样的，对于荷电膜，比较一致的说法是因为膜带电后会产生道南（Donnan）效应所致。可是对于非荷电膜的透过机理却众说纷纭，尚无定论。至今比较有代表性的机理和模型有以下几种。

A 优先吸附——毛细孔流理论

1963 年，S. Sourirajan 在 Gibbs 吸附方程的基础上提出了优先吸附——毛细孔流理论，该理论模型如图 6-2 所示。

将 Gibbs 方程用在高分子多孔膜上

$$\Gamma = -\frac{1}{R_g T}\left(\frac{\partial \sigma}{\partial \ln \alpha}\right) \tag{6-1}$$

式中 Γ——单位界面上溶质的吸附量；

R_g——气体通用常数；

σ——溶液的表面张力；

α——溶液中溶质的活度。

当水溶液与高分子多孔膜接触时，如果膜的化学性质使膜对溶质负吸附，对水优先吸附，那么在膜与溶液界面附近的溶质浓度会急剧下降，在界面上就会形成一层被膜吸附的纯水层。在外界压力下，如果将该纯水层通过膜表面的毛细

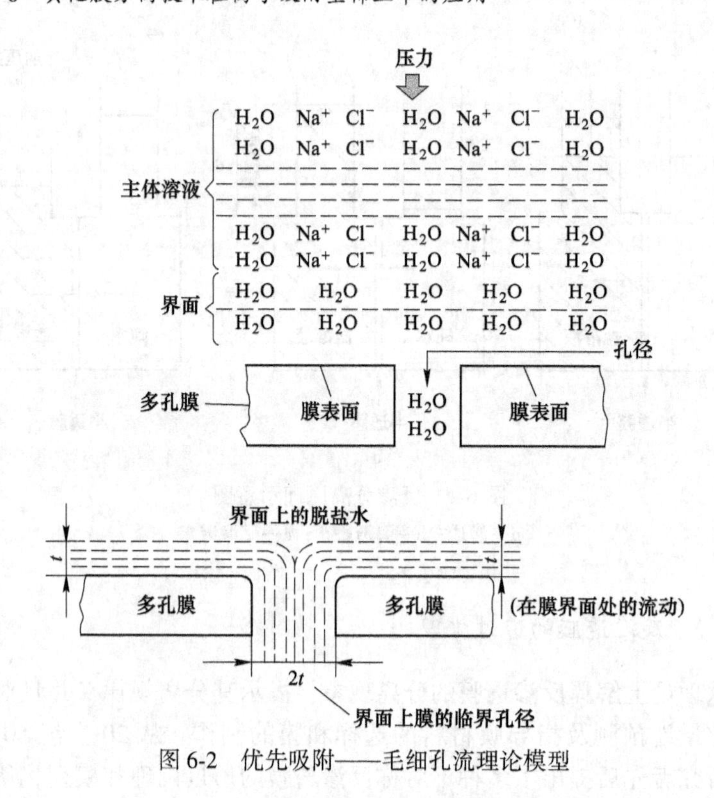

图 6-2　优先吸附——毛细孔流理论模型

孔，这就有可能从溶液中获得纯水。纯水层的厚度可用下式计算：

$$l = \frac{1000\alpha}{2R_g T}\left(\frac{\partial \sigma}{\partial(\gamma c)}\right) \tag{6-2}$$

式中　l——纯水层厚度；

γ——溶液中溶质的活度系数；

c——溶液的摩尔浓度。

式（6-1）和式（6-2）表明，纯水层的厚度与溶液性质及膜表面的化学性质有关。当膜表面的毛细孔有效直径为纯水层厚度的 2 倍时，对一个毛细孔而言，能够得到最大流量的纯水，此时该毛细孔径称为“临界孔径”。当毛细孔径大于 2^l 时，溶液就会从细孔的中心部位通过而产生溶质的泄漏。

优先吸附——毛细孔流理论，确定了膜材料的选择和反渗透膜的制备的指导原则，即膜材料对水要优先吸附，对溶质要选择排斥，膜的表面层应当具有尽可能多的有效直径为 2^l 的细孔，这样的膜才能获得最佳的分离率和最高的透水速度。在上述理论的指导下，S. Sourirajan 等研究了以 CA 为膜材料的新的制膜方法，研制出具有高脱盐率、高透水速度的实用反渗透膜，奠定了反渗透技术工业实用化的基础。近年来他又用表面力——孔流动模型对优先吸附——毛细孔流理论做了进一步的发展和定量化，并建立了不仅适用于水而且也适用于各种溶质优先在膜表面吸附时，溶质和溶剂在细孔中迁移的一般性方程。

优先吸附——毛细孔流理论既注意到了溶液与膜材料的化学性质，又考虑了膜的孔结构，因此在许多方面能够解释膜的透过现象。但是直到目前为止，在电子显微镜下也未能观察到膜表面上存在的细孔。G. Scatchard 经过详细计算否定了界面上纯水层的存在。因此该理论也不是完美无缺的，有待于进一步的发展。

S. Kimura 等从优先吸附——毛细孔流理论出发，建立了反渗透膜的基本迁移方程：

$$J_w = A(\Delta p - \Delta\pi) \tag{6-3}$$

$$J_s = \frac{D_{AM}}{K\delta}(c_w - c_p) \tag{6-4}$$

式中 J_w，J_s——水和溶质的透过速度；

A——水的透过系数；

$\frac{D_{AM}}{K\delta}$——溶质透过系数；

D_{AM}——溶质向膜中的扩散系数；

K——溶质在膜与溶剂之间的分配系数；

δ——膜厚；

c_w，c_p——膜面及透过水的溶质浓度。

B 溶解——扩散理论

1965 年，H. K. Lonsdale 和 R. L. Riley 等提出了溶解-扩散理论来解释反渗透现象。该理论假设膜是无缺陷"完整的膜"，溶剂与溶质首先在膜中溶解，然后在化学位差的推动力下，从膜的一侧向另一侧扩散，直至透过膜。溶质和溶剂在膜中的扩散服从 Fick 定律。

溶解-扩散理论能较好地解释 CA 反渗透膜的某些透过现象，如随着乙酰基含量的增加，膜的脱盐率提高，这是由于 CA 膜内的分子扩散系数随乙酰基含量而变更的结果；提高操作压力，溶质渗透性下降，这是由于提高压力使水分子在膜内的扩散速度急剧增加，比溶质的扩散速度大的缘故。但该理论忽略了膜结构对膜性能的重要影响，另外用该理论还不能解释某些膜材料对水具有高吸附特性和膜对水的低渗透性，以及某些膜材料对水具有低吸附特性和膜对水有高渗透特性的现象。

H. K. Lonsdale 等用溶解-扩散理论建立了溶质和溶剂的迁移方程：

$$J_w = L_p(\Delta p - \Delta\pi) \tag{6-5}$$

$$J_s = B(c_w - c_p) \tag{6-6}$$

当水和溶质在均质膜内以化学位为推动力进行扩散时，L_p 和 B 可表示为：

$$L_P = D_w \cdot c_w \cdot \overline{V}_w / (R_g \cdot T \cdot \delta) \tag{6-7}$$

$$B = D_s c_s / \delta \tag{6-8}$$

式中　D_w，D_s——分别为水和溶质在膜中的扩散系数；

c_w，c_s——分别为水和溶质在膜中的摩尔浓度；

$\overline{V}_w$——水的摩尔体积。

另外，C. E. Reid 等在 1959 年提出了氢键理论及结合水-空穴有序扩散模型，T. K. Sherwood 等基于自由体积的概念提出均质膜的透过机理——自由体积理论等等。所有这些理论都不同程度地揭示了反渗透膜的透过现象，而对另外一些现象不能做出合理的解释。因此反渗透膜的透过机理还在不断完善和发展。

6.2.2　反渗透影响因素

（1）进水压力对反渗透影响因素。进水压力本身并不会影响盐的透过量，但是进水压力升高使得驱动反渗透的净压力升高，使得产水量加大，同时盐透过量几乎不变，增加的产水量稀释了透过膜的盐分，降低了透盐率，提高脱盐率。当进水压力超过一定值时，由于过高的回收率，加大了浓差极化，又会导致盐透过量增加，抵消了增加的产水量，使得脱盐率不再增加。

（2）进水温度对反渗透影响因素。反渗透膜产水电导对进水水温的变化十分敏感，随着水温的增加，水通量也呈线性增加，进水水温每升高 1℃，产水通量就增加 2.5%~3.0%；其原因在于透过膜的水分子黏度下降、扩散性能增强。进水水温的升高同样会导致透盐率的增加和脱盐率的下降，这主要是因为盐分透过膜的扩散速度会因温度的提高而加快。

（3）进水 pH 值对反渗透影响因素。进水 pH 值对产水量几乎没有影响；而对脱盐率会产生较大影响。由于水中溶解的 CO_2 受 pH 值影响较大，pH 值低时以气态 CO_2 形式存在，容易透过反渗透膜，所以 pH 值低时脱盐率也较低，随 pH 值升高，气态 CO_2 转化为 HCO_3^- 和 CO_3^{2-} 离子，脱盐率也逐渐上升，pH 值在7.5~8.5 之间，脱盐率达到最高。

（4）进水盐浓度对反渗透影响因素。渗透压是水中所含盐分或有机物浓度的函数，含盐量越高渗透压也增加，进水压力不变的情况下，净压力将减小，产水量降低。透盐率正比于膜正反两侧盐浓度差，进水含盐量越高，浓度差也越大，透盐率上升，从而导致脱盐率下降。

6.2.3　反渗透膜技术处理稀土氨氮废水研究

离子吸附型稀土产生的废水主要是氨氮废水，占废水排放总量的 60%~70%。采用反渗透技术不仅能够使废水氨氮稳定达标排放，而且能够将废水中的氨氮转化为铵盐副产品回用至生产工艺或制肥，但目前相关的研究并不是很多。

桂双林等采用反渗透技术处理稀土冶炼产生的高氨氮洗涤废水，当跨膜压差在3.5~4.0MPa时，对氨氮及COD的去除率可以达到74%和68%，且对多种重金属离子的截留率均高于90%以上。王志高等采用两级反渗透工艺对经过预处理后的离子吸附型矿开采废水进行资源的回收处理，研究发现处理后的废水氨氮浓度能从300~500mg/L降低到5.04mg/L，低于废水排放标准。黄海明等采用NH_4Cl和NaCl模拟碳铵沉淀洗涤废水，并采用低压反渗透装置对模拟废水和实际碳铵沉淀洗涤废水进行处理，结果表明在回收率为65%的条件下，NH_4Cl的去除率达到77.3%，接近模拟废水的实验结果，同时处理成本也低于对应浓度其他处理技术（氨吹脱技术）。张林楠等采用气提预处理与低压反渗透（LPRO）相结合的工艺处理稀土生产过程中的高氨氮废水，结果表明在适宜的温度、气提时间和pH值条件下，氨氮去除率可达到95%，加入阴离子表面活性剂十二烷基硫酸钠（SDS）后，氨氮去除率达到了99.5%。

单一的膜处理技术可能满足不了进出水水质、水量等要求，于是膜集成技术与膜组合工艺应运而生。胡亚芹等使用反渗透与电渗析两种工艺用于稀土氯化铵废水分离浓缩试验，结果表明膜集成技术能够使90%左右的氯化铵和60%左右的水资源得到回收利用，并且电耗比传统蒸发法降低了75%。桂双林等采用混凝沉淀-超滤+反渗透组合工艺处理离子型稀土冶炼废水，考察了各处理单元及集成系统对污染物的处理效果。结果表明组合工艺能有效处理和降低废水中的污染物，混凝-超滤技术能去除大部分有机物和重金属，而反渗透技术可以进一步去除氨氮和其他污染物。膜集成系统对废水COD、NH_4^+-N的去除效率分别为95.3%和80.6%，对多种重金属离子的截留率均高于95%，产生的浓缩液可进行铵盐资源的回收利用，透过液满足回用水要求可进行回用，进一步降低了运行能耗。汪勇等用膜组合工艺对包头某稀土公司硫铵废水进行零排放处理，采用多级过滤和高压反渗透联合运行方式将原液浓缩处理后，通过MVR蒸发结晶系统得到硫酸铵副产品，实际工程调试表明处理系统可稳定运行，并实现废水全部回用。还有研究者将氯化铵稀土废水利用反渗透装置进行连续脱盐和浓缩后，再利用蒸发、蒸氨处理得到氯化钙副产品和较高浓度的氨水，同时也使大多数水资源回用至生产工艺。

参考文献

[1] Norman L N. Separating hydrocarbons with liquid membranes: US3410794 A [P]. 1968.

[2] 许效红，袁云龙，竺和平，等．液膜除酚中膜相与内相界面张力的研究［J］．膜科学与技术，1992 (1)：55~58.

[3] 曾平，王玉鑫．液膜处理过程中粘度的变化［J］. 膜科学与技术，1993（3）：41~46.

[4] 曾平，王玉鑫，王韧．乳状液膜溶胀过程的研究［J］. 膜科学与技术，1992（2）：23~28.

[5]《浸矿技术》编委会．浸矿技术［M］. 北京：原子能出版社，1994.

[6] 万印华，王向德，朱斌，等．新型乳化液膜用表面活性剂 LMA-1 的性能及其应用［J］. 膜科学与技术，1992（4）：17~22.

[7] 李成海，丁暄才，肖俊军，等．液膜用高分子表面活性剂性能研究［J］. 膜科学与技术，1993（1）：39~44.

[8] 丁瑄才，谢福泉，谢先月，等．乳胶型液膜溶胀问题的研究［J］. 膜科学与技术，1988（4）：30~34.

[9] 李明玉，严忠．液体膜稳定性的研究［J］. 膜科学与技术，1995，12（2）：58~64.

[10] 丁瑄才，谢福泉，丁萃，等．乳状液膜溶胀性质的研究［J］. 膜科学与技术，1990（2）：21~25.

[11] 丁瑄才，严忠．界面张力及表面压法研究液膜的稳定性［J］. 膜科学与技术，1983（2）：29~33.

[12] 杨春芬．界面张力法研究液膜的稳定性［J］. 膜科学与技术，1994（3）：16~19.

[13] 李伟宣，戴星，施亚钧．乳化液膜溶胀的研究［J］. 膜科学与技术，1990（1）：40~46.

[14] 陆岗，姜楚生，路琼华，等．液膜乳状液稳定性的研究［J］. 膜科学与技术，1993（1）：45~50.

[15] 王雨春，张仲甫．TTA 为载体的乳状液膜对钪与铁，锰，钙，稀土，钛的分离［J］. 膜科学与技术，1992，12（1）：16~20.

[16] 张瑞华，汪德先．用乳状液膜从水溶液中提取混合稀土［J］. 膜科学与技术，1985（4）：70~77.

[17] 张瑞华，刘冰梅，涂小妹．大环多元醚在液膜分离金属离子中的应用［J］. 膜科学与技术，1993（1）：1~7.

[18] 朱建华，张秀娟．氧化还原液膜法分离铕的研究之一：弱酸性还原分离体系［J］. 膜科学与技术，1994，14（2）：38~43.

[19] 黄炳辉，王雨春．用液膜技术浓缩稀土料液浓缩效果的研究［J］. 膜科学与技术，1994，14（2）：46~49.

[20] 朱建华，张秀娟．氧化还原液膜法分离铕的研究之二：弱碱性还原分离体系［J］. 膜科学与技术，1994，14（3）：6~10.

[21] 马湘江，王向德．液膜法生产纯钇及非钇重稀土的研究［J］. 膜科学与技术，1994，14（3）：41~46.

[22] 张瑞华，徐斌，彭小彬．我国乳状液膜提取稀土的研究［J］. 膜科学与技术，1990（1）：47~53.

[23] 杨春生，等，稀土离子的液膜萃取研究［C］. 第四届全国稀土化学与湿法冶金讨论会论文集，1984：56.

[24] 张仲甫，张瑞华，汪德先，等．用液膜技术浓缩和分离稀土溶液［J］. 膜科学与技术，

1986 (1): 41~47.

[25] 郁建涵，王士柱，姜长印，等．液膜分离技术中的渐进前沿模型 [J]. 膜科学与技术，1983 (4): 1~13.

[26] 郁建涵，等. 用液膜法从氯化钠溶液中提取稀土 [C]. 第二届全国稀土湿法冶金学术讨论会，1982: 100.

[27] Hoffer E, Kedem O. Hyperfiltration in charged membranes: the fixed charge model [J]. Desalination, 1967, 2 (1): 25~39.

[28] Sourirajan S. Reverse Osmosis [M]. New York: Academic Press, 1970.

[29] Sidney L, Sriniva S, Weaver D E . High flow porous membranes for separating water from saline solutions [P]. US, 1964.

[30] 索里拉金 S，刘廷惠 . UCLA 膜和非对称孔结构形成机理 [J] . 膜分离科学与技术，1984, 4: 2~3.

[31] Scatchard, George. The Effect of Dielectric Constant Difference on Hyperfiltration of Salt Solutions [J]. The Journal of Physical Chemistry, 1964, 68 (5): 1056~1061.

[32] Abbott B J, Debono M, Fukuda D S. A-21978C cyclic peptides: US, US4482487A [P]. 1984.

[33] Lonsdale H K, et al. Transport properties of cellulose acetate osmotic membranes [J]. Journal of Applied Polymer Science, 1965 (9): 1341~1362.

[34] Riley R L, Lonsdale H K , Lyons C R , et al. Preparation of Ultrathin Reverse Osmosis Membranes and the Attainment of Theoretical Salt rejection [J]. Journal of Applied Polymer Science, 1967, 11 (11): 2143~2158.

[35] Reid C E, Breton B J. Water and ion flow across cellulosic membranes [J]. The Journal of Physical Chemistry, 1959 (1): 133~143.

[36] Sherwood T K , Brian P , Fisher R E . Desalination by Reverse Osmosis [J]. Industrial And Engineering Chemistry Research, 1967, 6 (1): 2~12.

[37] Graca N S, Rodrigues A E. Application of membrane technology for the enhancement of 1, 1-diethoxybutane synthesis [J]. Chemical Engineering and Processing: Process Intensification, 2017 (117): 45~57.

[38] 桂双林，麦兆环，付嘉琦，等．反渗透处理稀土冶炼高氨氮废水及膜污染特征分析 [J]. 稀土，2021, 42 (2): 16~24.

[39] 王志高，王金荣，彭文博，等．膜分离技术处理离子型稀土矿稀土开采废水 [J]. 稀土，2017, 38 (1): 102~107.

[40] 黄海明，傅忠，肖贤明，等．反渗透处理稀土氨氮废水试验研究 [J]. 环境工程学报，2009, 3 (8): 1443~1446.

[41] Zhang L N , Xu B H, Gong J D, et al. Membrane combination technic on treatment and reuse of high ammonia and salts wastewater in rare earth manufacture process [J]. Journal of rare earths, 2010 (28): 501~503.

[42] 胡亚芹，吴春金，叶向群，等．膜集成技术浓缩稀土废水中的氯化铵 [J]. 水处理技术，

2005, 31 (8): 38~39.

[43] 桂双林, 麦兆环, 付嘉琦, 等. 超滤-反渗透组合工艺处理稀土冶炼废水 [J]. 水处理技术, 2020, 46 (9): 108~112.

[44] 汪勇, 邱晖. 稀土硫铵废水零排放工艺应用 [J]. 冶金与材料, 2018, 38 (3): 22~23.